资源环境
大数据分析及应用

陈晓红 主 编

U0215061

清华大学出版社

北京

内 容 简 介

本书讲解了与资源环境大数据相关的基础知识和分析技术,介绍了如何将分析结果可视化,为环境决策提供了支持方法,通过案例详细阐述了大数据在资源环境领域的应用并展望未来的发展趋势。通过学习本书,读者能够从多个角度审视和理解资源环境问题,全面了解资源环境大数据的采集、存储、处理、分析和应用等方面的知识。通过案例分析,读者可以深入了解资源环境大数据在各个领域的应用情况,从而更好地掌握相关技能和方法。

本书可作为环境、大数据等相关专业的学生学习资源环境大数据分析及应用的教材,也可作为化学、生态学等相关专业的学生学习环境污染治理技术的参考书,还可作为企事业单位管理者、数据分析人员、环保从业人员、研究与开发人员的参考资料。

本书封面贴有清华大学出版社防伪标签,无标签者不得销售。

版权所有,侵权必究。举报:010-62782989,beiqinquan@tup.tsinghua.edu.cn。

图书在版编目(CIP)数据

资源环境大数据分析及应用/陈晓红主编.—北京:清华大学出版社,2024.5
ISBN 978-7-302-65856-6

Ⅰ.①资… Ⅱ.①陈… Ⅲ.①生态环境-数据处理 Ⅳ.①X171.1

中国国家版本馆 CIP 数据核字(2024)第 060783 号

责任编辑:吴梦佳
封面设计:傅瑞学
责任校对:袁 芳
责任印制:沈 露

出版发行:清华大学出版社
    网 址:https://www.tup.com.cn,https://www.wqxuetang.com
    地 址:北京清华大学学研大厦 A 座 **邮 编:**100084
    社 总 机:010-83470000 **邮 购:**010-62786544
    投稿与读者服务:010-62776969,c-service@tup.tsinghua.edu.cn
    质量反馈:010-62772015,zhiliang@tup.tsinghua.edu.cn
    课件下载:https://www.tup.com.cn,010-83470410
印 装 者:三河市人民印务有限公司
经 销:全国新华书店
开 本:185mm×260mm **印 张:**10.75 **字 数:**254千字
版 次:2024 年 6 月第 1 版 **印 次:**2024 年 6 月第 1 次印刷
定 价:45.00 元

产品编号:099735-01

前 言
FOREWORD

　　大数据分析在资源环境领域有着广泛的应用,可以解决诸多实际问题,并随着大数据技术的不断发展,其在资源环境领域的应用也日益增多,基于此,我们编写了本书。本书的编写坚持以下几个原则:科学性,内容科学、准确,对资源环境的描述、分析和应用符合科学原理,数据和事实真实、可靠;系统性,编写时全面考虑资源、环境、生态等各个方面的联系,从整体角度分析问题;实用性,理论和方法可以指导实际的环境保护、资源管理和生态修复等工作;前沿性,关注学科前沿,引入新的研究成果和技术进展;可读性,语言通俗易懂,逻辑清晰,条理分明,辅以图表、案例等说明。

　　本书主要包含以下 9 章内容。

　　第 1 章　资源环境大数据概述:主要介绍资源环境大数据的概念、内涵及其特征,重要意义及机遇与挑战。

　　第 2 章　资源环境大数据采集:主要介绍资源环境大数据的来源,包括资源环境数据的采集方法、采集过程及应用等。

　　第 3 章　资源环境大数据存储:系统地介绍 Google 和 Hadoop 大数据分析系统,对其模型、数据存储及其管理框架做了介绍,综述环境大数据存储、分析、应用、管理的意义和管理平台技术架构。

　　第 4 章　资源环境大数据智能分析:介绍人工智能的基本概念、发展概况及理论基础,讲解资源环境大数据相关的人工智能分析技术。

　　第 5 章　资源环境大数据可视化技术:主要介绍可视化的概念与内涵、大数据可视化发展现状,并详细介绍了资源环境大数据可视化的技术。

　　第 6 章　资源环境大数据安全:主要介绍大数据安全的内涵和大数据安全面临的挑战,讲解资源环境大数据安全体系、安全技术及大数据备份与恢复技术。

　　第 7 章　资源环境大数据保障体系:主要介绍当前资源环境大数据标准的现状、标准体系框架,讲解资源环境大数据运维体系。

　　第 8 章　资源环境大数据应用的总体布局:介绍资源环境大数据应用的总体方案和总体思路,阐述资源环境大数据应用的重要意义、总体要求和路径方法。

　　第 9 章　资源环境大数据应用的案例分析:介绍资源环境大数据在不同领域中的需求背景和应用方案,阐述资源环境大数据在多个研究领域中的重要作用。

　　本书是一部兼具理论性和实践性的教材,通过阅读本书,读者可以深入了解资源环境大数据的内涵、应用和发展趋势,掌握相关的知识和技能。本书能够引导读者从多个角度思考和解决资源环境问题,培养创新思维和实践能力。本书的特色主要体现在以下几个方面。

(1)跨学科性。传统的资源环境研究主要集中于地理、生态、环境科学等领域,而大数据技术的引入为这个领域注入了新的活力。本书巧妙地将资源环境科学与大数据技术相结合,通过跨学科整合的方式,让读者能够从多个角度审视和理解资源环境问题。这种跨学科的整合方式不仅有助于拓展读者的知识视野,也为相关领域的研究提供了新的思路和方法。

(2)内容全面且系统。本书内容十分全面,涵盖了资源环境大数据的各个方面。从基础概念到实际应用,从技术方法到案例分析,形成了一个完整的体系。通过阅读本书,读者可以全面了解资源环境大数据的采集、存储、处理、分析和应用等方面的知识,避免因知识碎片化而影响理解和应用。这种全面性和系统性使本书成为资源环境领域的一本系统化的教材,为读者提供了详尽且准确的信息。

(3)案例丰富且实用。本书选用许多实用的案例,这些案例不仅有助于读者更好地理解理论知识,还能够为实际工作提供指导和参考。通过案例分析,读者可以深入了解资源环境大数据在各个领域的应用情况,从而更好地掌握相关技能和方法。此外,本书还提供了许多实用的工具和技术,如数据挖掘、云计算等,这些都能帮助读者在实际工作中更加得心应手地运用大数据分析。

(4)前瞻性。本书不仅介绍了传统的资源环境大数据分析方法,还对一些前沿的技术和方法进行了深入探讨。随着科技的不断发展,资源环境大数据分析也在不断地进步和创新。本书紧跟时代步伐,关注技术前沿,为读者提供了新的知识和信息。通过阅读本书,读者可以了解资源环境大数据领域的新动态和趋势,推动相关领域的发展。

(5)结合政策与实践。本书在介绍资源环境大数据应用时,紧密结合国家相关的政策和标准,在实践中,许多具体的操作需要在政策和标准的框架下进行。通过将理论与实践相结合,本书能够帮助读者更好地理解和应用相关知识和技能,提高在实际工作中解决问题的能力。此外,本书还设置了习题与思考等内容,帮助读者巩固所学知识,培养解决实际问题的能力。

本书具体编写分工如下:第 1 章由邢文乐、姜朝华、金林锋、杨占梅、陈艳容编写;第 2 章由邢文乐编写;第 3 章由陈艳容编写;第 4 章由金林锋编写;第 5 章由吴悠编写;第 6 章由姜朝华编写;第 7 章由杨占梅编写;第 8 章由徐赛萍编写;第 9 章由陆杉和陈荣元编写;全书由陈晓红院士审核。

本书在编写过程中参考了相关专家、学者的大量研究成果,选用了许多公司的案例,在此表示衷心的感谢。由于本书所涉及的内容属于大数据及其在资源环境中的应用,对于大数据的认识和见解,各有不同,因此,本书难免存在不足和疏漏之处,恳请专家、学者和广大读者批评、指正。

编　者

2023 年 11 月

目 录

CONTENTS

第1章

资源环境大数据概述

学习目标

　　了解大数据的概念以及资源环境大数据的内涵；了解资源环境大数据的机遇与挑战；了解资源环境大数据的应用现状。

章节内容

　　本章介绍大数据的内涵、特征、发展形势和意义及现阶段大数据发展的目标与任务；详细讲解资源环境大数据的概念、内涵及其特征，重要意义及机遇与挑战；介绍大数据在资源环境领域的应用需求及现状，资源环境在环境监测、污染模拟预警、优化管理等领域中的应用现状。

1.1　大数据的概念及基本特征

1.1.1　大数据的概念

　　人们对海量数据进行挖掘和运用，预示着新一波生产率增长和消费者盈余浪潮的到来。在国际数据公司（International Data Corporation，IDC）编制的年度数据宇宙研究报告《从混沌中提取价值》中对大数据技术作出定义：大数据技术是新一代技术与架构，它被设计用于在成本可承受的条件下，通过非常快速地采集、发现和分析，从大体量、多类别的数据中提取价值。

　　然而，到底什么是大数据？它的概念和外延包括哪些？由于大数据是近几年新衍生出来的概念，它的内涵和外延也在不断地拓展和变化着，目前还没有一个被业界广泛采纳的明确定义。

　　随着大数据概念的普及，人们常常会问，多大的数据才叫大数据？其实，关于大数据，难以有一个非常定量的定义。维基百科给出了一个定性的描述：大数据是指无法使用传统和常用的软件技术与工具在一定时间内完成获取、管理和处理的数据集。

在维克托·迈尔·舍恩伯格及肯尼斯·库克耶编写的《大数据时代》中,大数据是指不用随机分析法(抽样调查)捷径而采用所有数据进行分析处理。

对于大数据,研究机构 Gartner 给出了这样的定义:大数据是需要新处理模式才能具有更强的决策力、洞察发现力和流程优化能力来适应海量、高增长率和多样化的信息资产。

麦肯锡全球研究所曾经给大数据做了一个定义:超出传统的数据库软件工具处理能力的超大规模的数据集。但是大数据带来的技术方面的挑战,远远不止于处理工具,事实上它对传统的网络结构、计算模型、安全体系提出了全方位的挑战,主要包括以下几个方面。

第一,网络承载能力要满足"数据摩尔定律"的需要。数据摩尔定律是指在未来 18 个月内,数据量将增加一倍。

第二,需要建立自主可控的安全防护体系和身份识别体系。必须在网络空间实现"4W"机制,即 Who、Where、When、What。在网络空间中,安全能力是指必须能对任何一个单体掌握"在任何时间、任何地点的状态"的数据。

第三,需要参考仿生学,建立起"社会计算"的模型,应对日益增长的海量数据。

国务院 2015 年发布的《促进大数据发展行动纲要》(国发〔2015〕50 号)对大数据做出这样的定义:大数据是以容量大、类型多、存取速度快、应用价值高为主要特征的数据集合,正快速发展为对数量巨大、来源分散、格式多样据进行采集、存储和关联分析,从中发现新知识、创造新价值、提升新能力的新一代信息技术和服务业态。

人们对大数据概念理解的不一致和认识上的分歧实际上反映了现有的大数据概念与现实需求的脱节,特别是与政府需求的脱节。从推进国家信息化发展的角度来看,更重要的是能够利用大数据提升全民数据意识、发展数据文化、释放数据红利、打造数据优势。大数据热强化了社会的数据意识,这对中国发展才是至关重要的。

大数据不是一项专门的技术,而是一系列信息技术的综合应用,《促进大数据发展行动纲要》中给出的定义比较符合当前大数据发展和应用状况。

1.1.2　大数据的基本特征

IDC 的定义描述了大数据时代的四大特征,即俗称的"4V",也被广泛地认为是大数据的最基本的内涵。

1. 海量化(volume)

数据体量巨大是大数据的首要特征,也是大家最容易发现的特征。全球数据正在以前所未有的速度增长着,每天在互联网上产生数以百万兆字节的数据。2021 年,全球的数据储量已达到 54ZB。2021 年,微信月活跃用户达到 12.68 亿,正式超越 QQ 的 6.06 亿。在用户数和数据量上,微信超过 QQ,成为名副其实的腾讯第一大平台和底层基础。由此可见,单个计算机的存储和处理能力已经远远不能满足日益增长的数据量容量需求,驱动着数据中心网络不断向大带宽、低时延方向演进。

2. 多样化(variety)

数据类型的日趋繁多是大数据的另外一个显著特征。海量数据具有不同格式：第一种是结构化数据,我们常见的数据大部分以二维表的形式存储在数据库中;第二种是非结构化数据,随着互联网多媒体应用的发展和兴起,图片、视频、音频等数据大量出现,这些数据的处理方式比较复杂,数据类型非常繁多。如何有效地处理非结构化数据,并挖掘出其中蕴含的商业价值和经济社会价值,是大数据技术需要解决的问题。

3. 快速化(velocity)

快速处理是大数据技术必须满足的基本条件。在经济全球化形势下,企业面临的竞争环境越来越严峻。在此情况下,如何及时把握市场动态,深入洞察行业、市场、消费者的需求,并快速、合理地制定经营策略,成为决定企业生死存亡的关键因素。而对大数据的快速处理分析,是实现企业经营目标的前提。

4. 价值化(value)

挖掘大数据的有用价值并加以利用,是数据拥有者的自然目标。因此,如何在海量的、多样化的、低价值密度的数据中快速挖掘出其蕴含的有用价值,是大数据技术的使命。

1.2　资源环境大数据的概念及内涵

1.2.1　资源环境大数据的概念及特征

大数据时代正在迅速改变数据和信息的处理方式,为生态环境监督和治理带来了前所未有的机遇。大数据的构建与分析可以有效整合全方位的社会资源,提升我国环境数据的控制和管理水平、污染治理效率及综合协同能力,推动生态环境管控的智能化、现代化程度,加快我国生态文明建设进程,实现"双碳"目标。

1. 资源环境大数据的概念

大数据是在一定时间范围内收集,且很难被传统数据处理工具管理和分析的数据集合。它是一项庞大、高增长和多元化的信息资产,需要新的处理模式,以具备更强的决策能力、洞察力和发现过程优化的能力。大数据最常见的解释就是海量数据。作为一个包罗万象的术语,大数据在不同的技术领域有着略微不同的概念和定义。在信息技术中,大数据是指使用现有的数据库管理工具或传统的数据处理应用程序难以处理的大而复杂的数据集。这些挑战包括捕获、管理、存储、搜索、共享、分析和可视化。大数据通常由数据集组成,这些数据集的大小超过了传统软件工具的处理能力。大数据的规模在不断变化,截至 2012 年,单个数据集中的数据从几十 TB(太字节)到几 PB(拍字节)不等。

2. 资源环境大数据的特征

目前,在资源环境领域,大数据开始得到广泛应用,但学术界或资源环境管理部门对环境大数据的概念还没有明确的定义。当大数据用于解决生态环境问题时,它将产生一个多因素的生态环境大数据集。

(1) 资源环境大数据发展快、数据量大,当前数据量已跃升到 PB 水平。近年来,随着各类先进传感技术的快速发展,特别是卫星遥感、智能监控、雷达等设备技术的大量应用,在海地空等不同维度积累了大量的环境数据。例如,我国的森林、交通、气象和环境保护数据都达到了千兆字节的水平,并且每年都在以数百兆字节的速度增长。

(2)资源环境大数据来源、形式具有多样性、复杂性。生态环境数据除来自人工长期收集、检测数据外,还包括生态环境、气象、水文、国土资源等自动监测在气象、水利、土地、农业、林业、交通、社会经济等不同部门累计的各种数据。由于不同来源及不同历史时期的数据缺乏统一标准,数据格式多样,很难进行整合分析,极大地限制其信息价值。这是目前数据研究领域亟须解决的难点问题。随着大数据技术的发展,资源环境数据形式不再局限于传统的结构化数据类型,还包括各类非结构化数据,如图像文本、视频声音等。

(3)资源环境大数据具有很高的应用价值。大数据技术、人工智能技术的快速发展,为海量环境数据快速分析提供了技术支撑,能将一些低价值数据转化为高价值数据,同时能极快地挖掘出最有用的信息,进行科学决策,改善人类的生存环境,提高人们的生活质量,最终为解决各种生态环境问题提供科学依据。

(4)资源环境大数据具有很高的不确定性。由于不同单位部门采用的数据检测的仪器存在很大差异,同时数据参考标准及人为干预等因素的存在,导致实际收集的数据的真实性很难保证,虚假数据的存在会严重影响大数据分析价值。因此,为充分发挥大数据本身巨大的潜在价值,我们首先需要保证收集的海量数据的真实准确。

综上所述,资源环境大数据是一个涉及国家政府、企业单位及社会民生的巨大生态环境数据集合。随着大数据逐渐渗透到生态环境保护工作中,特别是以改善生态环境质量为核心的工作链条的各个环节,资源环境大数据以其数据量大、结构类型多、价值密度低、处理速度快等独特特点,融合了不同主体的客观数据和主观数据;以大数据技术为驱动,面向生态环境保护和管理决策的需求,快速获取各种数据资源,实时分析生态环境要素,链接生态环境管理中的各个利益相关者;构建主体间信息共享、行为协调、监管的数据平台,推进新一代生态环境管理信息技术和服务。

1.2.2 应用资源环境大数据的重要意义

大数据看起来似乎很崇高,我们平凡的生活离它很远,其实不是! 大数据存在于我们生活的各个方面。例如,我们最关心的全球环境和气候数据大多是基于大数据技术,它使我们能够实时监测并查看环境数据。通过这些例子,我们基本上可以理解大数据存在的意义,是为了帮助人们更直观、更方便地理解数据。在理解这些数据之后,我们可以进一步挖掘其他有价值的数据。例如,今日头条、抖音等产品组织和分析用户,根据用户的各种数据判断他们的偏好,然后推荐用户喜欢看的内容。这不仅改善了他们自己产品的体验,还为用户提供了他们所需的内容。大数据的应用和发展势不可当,这将对资源环境管理的理念和管理模式产生巨大的影响。应用资源环境大数据具有重要的现实意义,也是当下迫切需要满足的需求。

(1)提高生态环境治理能力现代化的新途径。要实现国家生态环境治理体系和能力的现代化,就必须建立一个政府、企业和公众多方参与的环境污染防治体系。要突出污染源企业在环境污染治理中的首要责任,发挥公众参与环境污染治理的作用。在互联网和大数据时代,政府提供电子公共服务,使更广泛的公众和企业参与政府的管理及决策。政府部门通过互联网服务平台收集大量的公众需求信息、舆论信息和呼吁信息,与生态环境部门的数据相结合,形成生态环境大数据。通过对生态环境大数据的分析,可以揭示数据之间的相关性,揭示生态环境现象背后的规律,提高生态环境治理的准确性和有效性。大数据可以改变人们对社会治理的思维方式,成为提高生态环境治理能力的有效手段。将大数据引入政府治理不仅是管理现代化的必然要求,也是提高生态环境治理能力的新途径。

（2）推动生态环境管理科学决策的新手段。生态环境管理科学决策是国际生态环境部门最基本的职能,也是推动我国生态文明健康发展的重要一环。其中,数据信息资源的高效利用对我国经济、生态、社会健康有序发展的意义重大也极为关键。近年来,随着全球环境问题的日益复杂,面对社会、国家乃至全球各国人民对环境问题的高度关注和迫切要求,解决当前各类环境问题已成为各国政府的首要问题。要实现环境质量的改善困难重重,如果仅靠现有环境监管手段是无法满足要求的。当前我国迫切需要新的理念、技术,才可能推动我国的生态文明、"双碳"目标的实现。生态环境数据资源作为衡量环境治理水平的重要指标,也是政府科学管理和决策的基础。特别是在大数据时代,急需加快加速数据信息技术的创新与开发应用,才能促进政府部门的管理创新。大数据技术在找趋势、厘规律、纠问题方面具有独特优势,大数据技术应用在加强环境管理,检验监测污染物排放和环境质量变化、准确预测预警各类环境污染等方面可发挥重要的作用,帮助政府部门进行"数据决策",快速提高政府管理决策水平。因此,资源环境大数据技术未来必将成为推进环境管理和科学决策的重要技术手段。

1.2.3　资源环境大数据的机遇与挑战

1. 资源与环境大数据的机遇

20世纪以来,随着经济、工业与技术的飞速发展,人们的生产生活方式有了很大的改变,也引发了资源环境污染、全球气候变暖、森林减少、土地退化、生物多样性减少和水资源枯竭等很多全球性的生态环境问题。影响这些问题的因素和过程复杂,涉及范围广,这些问题的治理往往投入大、收效小。随着大数据技术的发展,采用资源环境大数据可以快速实现资源共享、有效提高工作效率、减少任务量,为解决当前环境问题提供了新的机遇。本节将重点介绍大数据技术在改善环境污染与缓解气候变化等方面的应用。

（1）大数据在应对生态环境污染破坏方面面临的机遇。近年来,随着我国工业化、城市化的飞速发展,我国居民的经济条件和生产生活方式有了很大改善,也造成了空气污染、水污染和土壤污染破坏等一系列生态环境问题。如何有效解决这些生态环境问题是我国政府面临的紧迫问题。这些生态环境问题可能会造成严重的食品安全和人体健康问题,直接威胁人类生命。传统的生态环境治理手段已经很难应对当前复杂严峻的资源破坏和环境污染问题,急需加强科学技术和防治方法的创新,保护地球生态系统的健康、平衡。大数据技术能够快速收集、整理和挖掘数据信息,显著提高人们的工作效率。国外对大数据技术的认识和发展相对较早,且在应对环境问题中取得了较好的应用效果。我国作为发展中国家,早期对环境问题的投入相对较少,但随着国家经济实力的提高,环境治理已成为各地政府部门的首要工作任务。目前我国正大力推进大数据技术创新发展,特别是加强与生态环境保护的融合应用,结合人工智能和数字孪生等数智化分析技术,建立基于数据分析、决策的环境大数据监管预警治理平台，密切关注生态环境的动态发展。

与其他工作不同，环境污染治理涉及领域广，污染涉及复杂的过程，且受多方面的影响，包括污染物排放、污染物自然系统中的物理、化学和生物过程，治理难度相对较大，对人员的专业素养也有一定的要求。同时，造成环境污染的因素很多，主要包括工业、农业、城市生活、生活垃圾、汽车排放等，且不同污染源在空间和时间上存在重叠和交叉效应，仅靠传统的分析技术和控制方法无法解决污染的根本问题，需要利用分布式数据库、云计算、人工智能、认知计算等技术在大数据处理中的优势，结合大数据的各种算法、模型库和知识库，对各种环境污染及其相关数据进行多因素耦合分析，实现数据与模型的集成，挖掘隐藏在海量数据背后的各种信息，分析不同污染物的"前世今生"，全面了解和掌握各种污染物的变化规律与排放过程，最终准确找出各种自然环境污染的根源，并通过这些信息来区分环境污染的优先级，统筹规划治理方案，循序渐进地推进污染治理。

另外，有些环境污染对自然的破坏影响具有很强的滞后效应，即污染发生时很难被发现，而当被人类感知时可能已经发展到了非常严重的程度，甚至已经对自然生态产生了不可逆转的破坏。当前，各级政府正对环境污染的治理控制加大投入，但对污染预防预警的重视程度明显偏弱，特别是对重大生态环境污染事件的预警。因此，未来生态文明建设过程中除加强对环境污染的治理外，还应该加大对污染预防预警技术的研究。目前，我国环境污染预测风险评估主要是通过引进国外的分析模型开展相关的研究。近年来，国内学者专家也开始开发相关预测分析模型，但整体应用程度较低，效果还有待长期检验。这类模型往往需要大量观测数据来进行模型优化，否则模型分析的精度很难达到要求。随着大数据时代的到来，特别是人工智能、机器学习和云计算等技术的出现，使高精度环境污染预测认知计算成为可能，这也为我国开展高效准确的环境污染预测预警带来了机遇。同时通过将传统研究应用过程中积累的环境污染应急思维、管理经验等方面的认知应用于大数据的计算系统中，如可以将一些高价值的专家库经验集成到大数据认知计算系统中，包括物理和化学过程、气象、交通和社会互动等，通过海量数据进行多维度数据训练和机器学习，交叉验证并优化相关预测模型，最终为有效追踪污染来源、潜在环境污染高精度预警、精细化污染管理决策提供科学依据。

（2）大数据在应对全球气候变化中面临的机遇。由于地球系统的波动以及人类活动的影响，地球气候系统正在发生重大变化。气候变化主要表现为全球地表平均气温升高、冰川融化面积缩小、降水量变化年代际波动较大、日照时数减少和近地表平均风速显著降低、极端气候事件发生的空间异质性较大等。其中温室效应导致全球极端气候事件的频率增加，包括海冰融化、海平面上升、冻土加速消融、沙漠化、水资源短缺、生物多样性减少等。例如，几十年来我国年地表平均气温显著增加，自 1960 年来升温幅度达 1.2℃，不同地区增温幅度不同，总体趋势是北方升温要高于南方；我国区域观测的日照时数、近地表平均风速等近几十年呈显著下降趋势，同时极端高温热害、亚热带极端低温冻害、洪涝灾害和极端干旱等农业气象灾害频率呈显著提高的趋势，其中夏季的高温热害发生频率更高，在区域上，这些极端事件在西北和长江中下游地区更为严重，在东北和长江流域西北部地区则相对较少。这些气候变化问题对农业、生态环境和人类健康也会产生巨大影响。目前，充分的证据表明全球变暖主要是因为大气中温室气体浓度的增加。为减缓全球变暖的速度，政府间气候变化专门委员会(Intergovernmental Panel on Climate Change，IPCC)编制了温室气体排放清单及气候变化风险和长期应对政策,但由于缺乏全球温室气体的实时监测数据,以及缺乏处理大量数据的技术,因此相关政策很难监管落实,短期内收效甚微。随着大数据时代各种智能传感技术的快速发展,我们能够及时、准确地监测温室气体、气候等相关的大量实时数据。依托云计算环境中的分布式数据存储技术对海量监测数据进行存储管理,再应用机器学习、人工智能等大数据算法技术,整合温室气体数据和气候模型,以预测温室气体及未来温度实时变化的速度,进而为控温减排精准决策提供科学依据。

一方面,在数据分析中,我国生态环境相关数据大多是数据集成,供客户端下载分析;另一方面,大数据分析可以将统计分析、深度挖掘、机器学习和智能算法与云计算技术相结合,将空气、土壤、水文、生物多样性、气候、人口和社会经济数据相关联,为管理者的决策提供科学支持。此外,在数据解释和显示方面,传统的数据显示方法是以文本的形式下载和输出数据,而大数据可以为用户提供结果的可视化分析。由此可见,只有在大数据时代,才能真正实现对复杂生态环境问题的量化评估和精准决策,为加快生态文明建设、促进生态环境保护发展提供科学依据和有效对策。

2. 资源环境大数据的挑战

大数据技术在数据收集、数据存储、数据分析、数据解释和显示等方面具有巨大优势,在应对复杂的生态环境问题和解决当前全球气候变化中提供了新的机遇,但生态环境大数据的应用还处于起步阶段,国内环境大数据应用则更加落后,距离大规模应用还存在诸多困难,特别是在生态环境数据智能监测与管理,数据开放共享、大数据技术创新及专业人员培养等方面仍面临挑战。

(1)环境大数据的控制和管理机制不完善。生态环境大数据的来源和结构类型复杂且数据控制管理标准不统一,进而导致在实际的应用过程中很难发挥数据本身的价值,加上不同政府部门、机构对数据的保护,数据管理机制不健全,数据获取、共享仍较为困难。对于生态环境大数据而言,只有相互连接、碰撞、共享,才能充分挖掘大数据背后的潜在信息价值。因此,改善生态环境大数据的控制和管理机制,特别是制定包括气象、水利、生态、土地、农业、林业、交通、社会经济等不同部门之间的数据共享政策,是目前生态环境大数据应用面临的重要问题和主要挑战。尽管国务院和生态环境部对生态环境大数据管理提出更高的要求,也为生态环境大数据制定了相应政策,各个部门建立了一些数据贡献平台,但是依据当前发展形势来看,"信息孤岛"情况仍非常严重,一些平台虽公开发布数据但并不能完全共享,其他单位和个人并不能下载和使用这些数据,应用活力极差。此外,政府对此方面数据的管理存在一定差异性,多领域、多部门、多源数据的格式和存储标准多样化,导致尽管数据量很大但很难利用。在大数据技术快速发展的今天,如何高效利用和挖掘数据潜在价值是各行各业的重要课题,对于生态环境领域,如何实现数据规范整合与脱敏共享是当前面临的重大挑战,国家和政府部门应出台健全的法律制度并加以完善,提升数据共享和应用程度,这样才能充分发挥数据的应用活力和信息价值。

(2)缺乏技术创新和环境大数据专业人才。大数据时代,提高自主创新能力、建设创新型国家是我国重要的发展战略思想。当前我国资源环境大数据技术发展落后,国内外对生态环境大数据的投入也明显不足。在数据来源方面,缺乏生态环境大数据的智能监测设备;在数据处理方面,计算机资源、数字分析建模和其他软硬件基础设施平台同样满足不了需求。当前生态环境大数据正在经历爆发式增长,海量的生态环境大数据既来源混乱又不均衡。如何将这些多源异构数据转换为通用的可广泛适用的格式和类型仍是一项技术挑战。因此,未来处理技术需要侧重于对收集数据的高效处理和价值挖掘,应加大研究和发展数据分析处理技术的创新,既要实现实时计算和图形数据处理的通用架构,又要能以极低的投入成本构建适应不同生态环境场景的数据处理计算平台,这样才符合国内生态环境大数据建设和发展的战略需求。此外,生态环境大数据分析还应加大与人工智能、神经网络、机器学习等手段的融合,更好地发挥生态环境大数据在各领域的应用。

大数据时代,除需要加强对软硬件技术的投入与创新外,还需要加强相关人才专业能力的提高。生态环境大数据发展目前非常缺乏跨学科交叉的高素质人才,特别是融合计算机、统计学、管理学、生态学、信息学等领域的复合型人才。而当前我国许多地区的教育体系很明显不适应未来生态环境大数据发展的战略需求,许多地区尚未开设相关的专业和课程,也缺乏相关人才培养的经验。

综上所述,鉴于当前我国生态环境大数据应用过程中存在的问题、面临的机遇和挑战,国家政府部门应加大资本投入和专业人才的培养,还需要制定和完善相关数据控制管理制度和共享机制,探索不同机构部门间数据的协同创新应用,并借助云计算、机器学习、人工智能等已有的大数据分析技术,在生态环境领域加强应用研究和技术创新,推动环境大数据与农业农村、工业、医疗卫生、交通运输和旅游服务等大数据平台的对接,助力现代农业现代化发展、国家"双碳"目标实现、生态环境污染治理与预警,推动全球生态环境的健康发展。

1.3　资源环境大数据的应用现状

1.3.1　大数据在资源环境领域的应用现状

数据技术的发展随着信息时代的到来而日益成熟。保护利益与环境保护相关措施之间的关系非常复杂,许多宝贵的数据资源有待进一步挖掘。

传统环境领域研究的最大不足之一是捕获数据的覆盖面较低,数据的透明度通常不高。环境数据往往由环保部门的相关单位收集与存储,收集过程中需要耗费大量的时间,数据的可靠性需进一步论证。而各部门之间的衔接往往滞后,使数字变得毫无意义。大数据技术使环境数据的通信成为可能。

大数据技术的应用能够较好地对环境问题进行深入系统的分析探究,更好地制订科学的环境治理计划。借助大数据基础平台,环境领域的电子管理将实现一体化发展。

1.3.2　资源环境大数据在环境监测评价中的应用现状

我们可以灵活地提供卫星遥感、环境政府中心,利用物联网技术和互联网技术,选择多样化数据及其大数据分析和挖掘技术的组合技术,应用于空气、水、土壤层、绿色环境检测及基础和环境监测方法的自主创新,环境监测的基础是从被动反应到主动调查违法行为的 Z 方法。这些不同的大数据应用都是空气质量检测中的重要技术。

环境空气质量监测系统将使用上述大数据技术,同时选择自然地理信息系统软件、数据优化算法专题讲座等,以实现业务流程信息和环境信息的区域化与交互,对监管因素和监管数据进行三维交互显示,同时配备前端 24 小时监测和监控设备,完成全天连续全自动检测二氧化硫、二氧化氮、活性氧、一氧化碳、PM2.5、PM10 和环境空气中的有机化学挥发性有机化合物,快速、准确地捕获和解析检测数据,可以实时准确地反映区域环境空气质量的目标和变化趋势,全面加强环境控制水平,整合新时代环境管理量化考核要求,完成天地融合,使环境气体网络管理和检测能力与生态文明建设的规定相适应,为环境保护办公室的环境管理决策、环境管理方法和污染控制提供详细的数据材料与科学论证。

1.3.3　资源环境大数据在污染模拟预警中的应用现状

现阶段,世界逐步完成从信息时代到大数据时代的转变,对资源环境大数据进行充分有效的利用成为很多领域和行业创新发展的方向,环境污染防治管理等产业也同样如此。我们所生活的时代面临着各种不同的污染,如水污染、大气污染等,更加深入地探讨与分析资源环境大数据在污染模拟预警中的应用,能够发挥非常重要的作用。运用资源环境大数据进行环境的治理已成为我国污染模拟预警发展的新趋势。传统的资源环境数据需要环保部门花费人力和物力到各个不同单位的不同部门去收集,并通过合理的途径选择对外公开。这样不仅要耗费大量的时间,数据的真实性和可靠性也值得探究。而且由于各部门没有进行协同合作,使资源环境数据成为毫无意义的数字。资源环境大数据技术使数据之间有相互比较的可能性,可以更好地保障数据的真实性和可靠性。资源环境大数据技术能够将各单位采集的数据更好地进行归档整理,并有效地运用互联网实现透明公开,这样使公众能够更好地参与到环保工作中来,也使大家能够更好地对环保部门的工作实现监督。

随着环境污染问题变得越来越严重,人们的环境保护意识越来越强烈。信息时代使数据技术发展越来越成熟,数据的存储、挖掘和应用等方面也取得了显著的进步。微小传感器的功能和数据采集变得更加丰富和高标准。环境污染历史相关数据可以用于构建预测模型。当前,大数据已经与人们的出行、环境监测和城市资源配置结合在一起,并为城市绿化和美化提供非常好的方案。在不久的将来,涵盖周边环境的自然环境资源将会被更好地开发出来,并在此基础上降低人类对于环境的破坏,使环境的发展更好地走上可持续发展的道路。[1]

空气质量与我们密切相关。如果将资源环境大数据更好地应用于空气质量的污染模拟预警中,气象数据就会得到更加全面的分析,还能够更好地将环境保护和生态文明建设之间的关系结合起来。通过资源环境大数据的分析得出内在的规律,以便对今后的环境进行预测,因此,资源环境大数据的应用非常有利于保证人类的长远发展。此外,资源环境大数据技术的应用能够更好地帮助人们进行空气质量的监测预报工作,并在之后让更多人对环境保护予以充分的重视,更加有利于环保观念的普及。可以集合全社会的力量来开展环保治理工作,这将更加有利于人类社会的可持续发展。

2016 年,我国生态环境部发布了《生态环境大数据建设总体方案》,正在推动生态环境大数据建设和应用。环保部门开展了环境质量监测、污染源监控、生态环境调查、环境执法、环境标准、环境规划、环境统计等工作,积累了大量数据。2015 年,我国对 367 个城市的空气质量进行了在线监控,对近 15 000 家重点污染企业实行在线监控,这些污染源和环境质量等实时环境数据不断增加并逐步实现了信息的联网发布,初步具备了大数据的"4V"特性,即海量化(volume)、多样化(variety)、快速化(velocity)和价值化(value)。

资源环境大数据能够提升污染模拟预警能力。首先,通过对资源环境大数据的获取和分析,能够预知资源环境的发展状况,便于对资源环境的变化和自然灾害等情况提出应急预警。其次,通过资源环境大数据能够实现对环境保护决策水平的提升。传统环境保护的决策制定缺乏对相关数据的应用,而通过资源环境大数据的收集、整理和分析,就能够得到环保状况和发展的数据成果,进而对环境污染防治的科学决策提供依据。最后,通过资源环境大数据为民众提供更好的环境相关服务。民众对环境情况的了解主要是基于环保部门以及和环保有关企业所公布的相关数据,而借助大数据能够将相关数据向民众广泛推广和共享,还能够向民众提供环境监管的平台,让民众也能够参与到环境污染的防治中。

随着资源环境大数据技术的不断成熟和推广,我国目前面临的很多的污染模拟预警问题都将得到全面解决。因此,在未来,我们更要致力于资源环境大数据在环境中的全面应用,这样才能够帮助人们更加深入地认识大自然,并通过科学合理地开发和利用自然资源更好地促进人与自然的和谐相处,从而为人类创造更好的居住环境。

1.3.4 资源环境大数据在优化管理中的应用现状

资源环境大数据技术的应用能够提高、优化管理水平的根源在于可以进行更加深入的分析,并融合更多的环境指标和环境污染排放信息。资源环境大数据是一种先进的衡量和分析的工具,它不仅可以有效地帮助我们全面认识环境问题,还可以帮助我们对未来的发展趋势做出预测。资源环境大数据挖掘和分析的技术能够提高资源环境相关企业的竞争力,最终会对国家的综合竞争力产生影响。如果我国想要提高资源环境优化管理的水平,资源环境大数据在环境管理中的应用势在必行。资源环境大数据依托大数据平台,环保电子政务将会更好地实现一体化发展。当资源环境大数据被引入环境优化管理程中时,将会更好地满足公共需求,将会改进和简化办事的流程,将能够在网上更好地实现一站式服务,并且能够在此基础上实现多级资源环境信息的门户开放。

我国高度重视生态环境大数据在优化管理中的潜力。国务院办公厅最早在 2015 年印发的《生态环境监测网络建设方案》中便指出要构建生态环境大数据平台,为生态环境保护决策、管理和执法提供数据支持。2016 年,生态环境部正式印发《生态环境大数据建设总体方案》,进一步明确了生态环境大数据建设的目标。目前,生态环境大数据已经服务于我国环境质量预报预警、危废全生命周期追溯、工业园区智慧管理等多项实践。

2020 年,"一湖两海"流域大数据决策支持系统依托于内蒙古自治区生态环境大数据管理平台框架,整合污染排放、水质监测、农牧业源、气象、地理、水利等数据,利用资源环境大数据分析方法,以改善呼伦湖、岱海水、乌梁素海环境质量为目标,第一步,建立全面的水质状况清单、污染源排放清单、水质模拟模型,实现污染溯源分析;第二步,研判出最合理有效的减排和治理方案;第三步,实现对重点流域水质现状评价和分析[2],从而为水环境污染防治攻坚战的顺利收官提供了挂图作战的可视化、重点监管的针对化、管理决策的数据化[2]。未来,在更多的流域资源环境优化管理中可以借鉴内蒙古在"一湖两海"重点流域的大数据决策分析的建设及管理经验,实现更多流域水环境污染清晰溯源、责任明确的精准管理,为生态保护和高质量发展提供支撑。

现今,我国将资源环境大数据用于优化管理实践面临诸多的挑战。

第一,"垃圾输入,垃圾输出(garbage input,garbage output,GIGO)"是大数据科学的黄

金法则。许多研究领域的主体出于个人利益会自愿、积极地提供真实的信息。例如，健康管理领域的主体——患者，他们会提供真实、准确的信息来帮助疾病诊断和治疗；环境领域的重要主体——企业，通常为了避免环境责任，倾向于避免自身数据被获得，从而提供"合规数据"，而不是真实数据。因此，资源环境大数据质量通常较差。因为当前用于资源环境管理实践的大数据来源多样、结构复杂，缺乏标准化的质量评估和控制，所以分析数据之前要花费很多精力处理数据。因此数据共享在资源环境领域尤为重要，未来需要建立一个开放访问的资源环境大数据共享社区，一方面增加数据的体量和多样性，另一方面实现不同来源数据之间的相互验证，从而可以避免因数据噪声而导致的错误决策[3]。

第二，基于资源环境大数据的优化管理需要算法和工具的支持。研究者们通过引入人工智能等多学科交叉的算法和工具，成功地将资源环境大数据用于气候灾害预测、环境污染、非法环境行为预警、环境舆情跟踪等众多领域。基于资源环境大数据的优化管理需要管理者了解不断更新的、跨学科的算法和工具，这在一定程度上阻碍了资源环境大数据在优化管理中的深度应用。所以，为了能够最大限度地发挥资源环境大数据的价值，需要加强智库建设，打通政府、企业、科研机构的沟通渠道，促进科技成果向实践的有效转化。

第三，数据安全和隐私问题是大数据科学无法回避的挑战。因此，当前亟须识别我国资源环境领域大数据应用的监管空白，制定符合我国国情的资源环境大数据安全和隐私监管体系。

第四，资源环境大数据的应用可能会对环境相关企业中的产业分工、技术替代等产生深远的、不可预知的影响。因此，我们鼓励开展资源环境大数据在优化管理领域应用影响的长期跟踪研究，防止可能引发的系统性风险。

本 章 小 结

当下，我们正处于一个重大的科学与技术革新的时代。从来没有哪一次技术变革，像大数据一样，在短短的数年时间，从科研领域迅速转变为全球诸多领域的实践，继而上升为国家的发展战略，形成一股不容忽视、无法回避的技术乃至历史潮流。毫无疑问，空间大数据正在形成一个大的产业，有着巨大的社会需求和市场潜力，为空间信息产业带来了新的机遇和挑战。

数据正在成为撼动世界发展的主要力量。地理信息领域一向重视对数据的积累，空间大数据也将作为一项重要的数据资产被利用起来。但我们认为，空间大数据的潜在价值，只有充分利用才能实现。在空间大数据的发展过程中，其相关的基础理论、技术体系、应用方案将进一步完善，相应的 GIS 技术和软件产品也会随之不断发展，并推动应用模式的创新，对行业发展产生重大影响。

参 考 文 献

[1] 傅冰.环保大数据及其在环境污染防治管理创新中的应用[J].中小企业管理与科技(下旬刊),2021
    (10):149-151.
[2] 李明娜,金鹏,张育慧,等.内蒙古生态环境大数据在"一湖两海"流域管理的应用[J].环境生态学,
    2022,4(Z1):90-94.
[3] LIU M M,ZHANG B,BI J. Appreciating the role of big data in the modernization of environmental
    governance[J]. Frontiers of Engineering Management,2022,9(1):163-169.

拓展阅读

资源环境大数据来自各种数据源,包括传感器、卫星遥感、气象站、生态监测站、社交媒体、移动应用程序和其他数据收集方法。学习分析国家地球系统科学数据中心的共享服务平台、国家青藏高原科学数据中心、OSGeo 中国中心,地理空间数据共享,开放地理空间实验室和国家综合地球观测数据共享平台等平台的数据。

习题与思考

1. 简述资源环境大数据的概念和特点。
2. 资源环境大数据相较于传统环境监测数据的应用优势是什么?
3. 资源环境大数据面临的挑战是什么?
4. 简述资源环境大数据的发展途径。

第2章

资源环境大数据采集

学习目标

通过本章的学习,使学生对资源环境大数据的来源和基于物联网的资源环境数据采集有一定的了解和认识,能够深刻理解资源环境大数据的采集方式,同时了解资源环境大数据中的数据种类和数据采集方法,分析研究资源环境大数据采集存在的问题,并探讨解决对策。

章节内容

本章主要介绍资源环境大数据的来源和基于物联网的资源环境大数据的采集、数据来源、采集方法及应用等。

2.1 资源环境大数据的来源

建设资源环境领域的信息资源,利用大数据技术提高治理能力,是国家政务信息化工程建设的要求之一。环境信息资源中心的数据来源主要有以下三类:第一类是由环境管理部门产生的环境管理政务、业务数据;第二类是由相关职能部门(如农业、林业、气象、水利、国土等)产生的环境相关政务、业务数据;第三类是基于互联网和社会化获取的信息资源,如互联网媒体、社交网络、管理服务对象信息系统。从类型上看,数据包括结构化和大量非结构化或者半结构化的数据。

构建资源环境大数据治理体系,环境保护部门应根据关于深化改革的重点任务和业务应用需求,重点描述以下三类信息资源的深化利用方式:第一类是国家基础信息资源,如人口、法人、空间地理信息等的深化利用;第二类是本部门及相关领域的业务信息资源,如气象、水利、林业、农业、海洋等的深化利用;第三类是基于互联网和社会化获取的信息资源,如互联网媒体、社交网络、管理服务对象信息系统、相关知识库等的深化利用,逐步形成部门多元化采集、主题化汇聚和知识化分析的大数据能力,最大化地对社会开放,催生新的产业增长点,促进信息消费。

资源环境大数据的信息资源建设,一方面要向环境管理及相关政务部门开放共享,支撑应用实现政府"用数据说话,用数据管理,用数据决策",使环境治理与管理工作从粗放向精细转变、从被动响应向主动预见转变、从经验判断向大数据科学决策转变;另一方面要向社会开放,鼓励市场开发利用资源环境信息资源,培育新的信息消费增长点。

我国现已建立各级环境监测站 2 700 多家,多数省级监测站装备已达到国内先进水平,所有市级监测站均具备开展空气、地表水、生态、噪声等环境质量监测和污染源监督性监测能力,基本能够反映区域内的环境质量情况和污染源排放状况。

需要通过跨部门共享获取的主要政务与业务数据包括住房和城乡建设部、水利部、国土部、农业农村部、发展和改革委员会、气象局、国家市场监督管理总局等部委相关的水环境管理、大气环境管理、农村与土壤管理、生态保护管理、核安全管理、固体废弃物监管、化学品管理等数据。

2.2　资源环境大数据采集方法

2.2.1　地图数据与地面环境监测数据

纸质地图(hardcopymap)和图表作为地理信息系统(geographic information system,GIS)的主要数据源,其主要通过对纸质地图的跟踪数字化和扫描数字化来获取。地图表达中蕴含着大量的信息内容,这些信息的获取往往取决于数据采集人员的专业知识和地图判读经验。

环境监测是指以环境作为监测对象,利用化学、物理及生物手段对环境进行综合分析,以探究环境质量状况及其发展规律。国家环境保护总局《关于进一步加强环境监测工作的决定》反映出环境监测在环境保护中的重要地位已经被法律认可。根据《国家环境保护监测"十二五"规划》,"十二五"期间国家相关环境监测部门加大了对重点城市的监测,监测范围扩大到全国地级以上城市(包括部分州、盟所在地的县级市),监测方式采用自动和手工相结合的方式,以自动监测为主。近年来,国家加大了对环境地面监测的建设,对地面监测站进行了设置与调整,构建了监测站点布设网,以期用最少的监测点位获得最大范围空间的代表性数据,准确、客观地反映区域环境污染状况变化趋势,同时加大了对监测数据的管理与处理力度。

1. 地面环境监测网介绍

利用物联网技术可对人类和环境有影响的各种物质含量、排放量、环境状态参数和跟踪环境质量的变化进行监测,为环境管理、防灾减灾、污染治理等工作提供基础信息,为环境监督、执法提供可靠、有力的证据。在企业排污口或对环境分析有重要意义的监测点,通过网络将监测点所采集的数据传输到监测中心,然后对数据进行汇总、分析和处理,最后以不同形式呈现给监测人员,实现对环境信息的自动化、智能化管理,提高对环境污染事件的监测、报警、预警能力。因此,物联网技术在环境监测方面具有重大的价值。

2. 地面环保物联网的构成

环保物联网的感知对象包括水环境、大气环境、生态环境、土壤环境、辐射环境、光污染、声环境,以及废气污染源、废水污染源、固体废物、放射源等。传统的环保物联网主要用环境自动监测设备来感知和识别环保监控数据信息。环保物联网从结构上分,可以分为三层结构:基础层(感知层)、通信层和数据应用层。基础层即感知层,主要是对目标污染源现场端进行感知,主要包括现代化的传感器、分析仪器、智能仪表等。通信层是对数据进行传输,有无线传输和有线传输两种方式。数据应用层是对得到的数据进行存储、计算、分析,便于决策。

1)水环境监测

水环境监测是按照水的循环规律,即降雨、地表水和地下水循环规律,对水的质量,以及水体中影响生态与环境质量的各种人为和天然因素所进行的统一定时或随时监测。水环境监测的监测对象可分为环境水体和废水污水,其中环境水体包括地下水和地表水。水环境监测的主要监测项目:①反映水质情况的综合指标,如温度、色度、浊度、pH、电导率、悬浮物、溶解氧、化学需氧量和生物需氧量等;②有毒物质,如酚、氰、砷、铅、铬、镉、汞和有机农药等;③对流速、水位和流量等的测定。监测项目的选择应符合以下原则:①必须是国家与行业水环境和水资源质量标准或评价标准中已列入的项目;②必须是国家与行业正式颁布的标准分析方法中已列入的监测项目;③必须是反映本地区水体中主要污染物的监测项目;④专用站应依据监测目的选择监测项目。

(1)水质在线自动监测系统。水质在线自动监测系统是一个以在线分析仪表和实验室研究需求为服务目标,以提供具有代表性、及时性和可靠性的样品信息为主要任务,采用计算机技术、自动控制技术和专业软件组成的一个集取样、预处理、分析、数据处理和存储于一体的完整系统,可以实现样品的在线自动监测。水质在线自动监测系统一般由以下几个部分组成:取样系统、预处理系统、数据采集与控制系统、在线监测分析仪表、数据处理与传输系统及远程数据管理中心。

(2)污染源和环境水质监测仪器。利用污染源在线监测仪器同步连续监测污染物排放的浓度与流量,对于重点污染源,需配备在线监测仪器在线监测水质。环境水质监测仪器有流量计、自动采样器、在线监测仪器、环境水质自动监测仪器、总有机碳(total organic carbon,TOC)测定仪等。

2)大气环境监测

大气环境监测是指测定大气污染物的种类及浓度,观察其时空分布和变化规律。空气分为干洁空气和杂质成分空气。干洁空气是指由于大气的垂直运动、水平运动、端流运动及分子扩散,使不同高度、不同地区的大气得以交换混合,使从地面到高空的气体组成基本保持不变。杂质成分空气是指由自然过程和人类活动排到大气中的各种悬浮微粒和气态、蒸气态物质。空气中一些杂质成分存在或杂质过量存在会对大气造成不同程度的污染,大气污染物对人体、植物、材料及气候都有影响。

大气污染物按其存在状态分为粒子状污染物和分子状污染物(也称气态污染物)。根据污染物的存在状态,大气污染监测项目可分为粒子状污染物监测和气态污染物监测。其中,粒子状污染物监测包括总悬浮微粒监测、飘尘监测、降尘监测和粒状污染物成分监测;气态污染物监测包括二氧化硫、氮氧化物、一氧化碳、光化学氧化剂(O_3)、HCl、HF、总烃等。大气环境监测项目是相当多的,上面只列举了其中的一部分。即使这一部分,也不是任何单位在任何一次监测工作中都要进行监测的。我国在《环境空气质量标准》中只对总悬浮微粒、飘尘、二氧化硫、氮氧化物、一氧化碳和光化学氧化剂六个项目的限值做了规定,其中以飘尘作为参考标准。在大气环境监测中,总悬浮微粒、二氧化硫、氮氧化物是三项必测项目,其他项目则需依据实际情况和监测目的来选择。

3) 土壤环境监测

土壤环境监测是指对影响土壤环境质量因素的代表值进行测定,以确定环境质量及其变化趋势。按照环境保护总局的土壤环境监测技术规范,土壤环境监测项目分为常规项目、特定项目和选测项目。

4) 噪声污染监测

噪声会影响城乡居民的正常生活、工作和学习,所以对噪声污染监测提出了要求规范。工业噪声污染监测传感器能够对现场噪声进行实时在线监测,提供24小时数据记录并进行分析,数据代表性强,能够反映现场噪声的真实水平。

5) 核辐射监测

核辐射监测包括核辐射环境质量监测、辐射污染源监测、放射性物质安全运输监测,以及辐射设施退役、废物处理和辐射事故应急监测等监测项目。

6) 辅助监测

辅助监测设备可以辅助前端感知系统接入环保物联网,或是对现场的视频等进行监测,它们属于环保物联网的前端感知层,但又与环境传感器有所区别,如视频监控设备等。

2.2.2　野外数据

测量数据和全球定位系统(global positioning system,GPS)是两种重要的野外数据,测量数据主要由距离、方向以及高度组成,其目的在于确定测量区域内地理实体或地面各点的平面位置和高程。在所需地图或遥感影像数据没有或缺乏的情况下,野外测量或使用GPS采集数据作为GIS的输入就显得非常重要。地面测量仪器是野外获取定位信息的基本设备,目前主要设备为全站仪,在天空开阔的地区也可使用双频动态GPS接收机(RTK)。早期的全站仪没有存储器,采集的数据通过连接电缆输入其他电子设备;近几年生产的全站仪均内置丰富的测量程序,能储存数万个定位点信息,不再需要其他电子手簿,并且具有中文菜单,操作非常简便。近年来,GPS已越来越多地应用于GIS数据的野外采集。大多数GPS接收机将采集的坐标数据和相关的专题属性数据存储在内存中,可以下载到计算机利用相关程序作进一步的处理,或直接下载到GIS数据库中,许多还可以将计算机的坐标数据直接转换成另一地图坐标系统或大地坐标系统。使用GPS,不仅可以在行走或驾车时采集地面点的坐标数据,而且可以为GIS的野外数据采集提供灵活和简便的工具。

2.2.3　遥感数据采集

遥感影像包括卫星影像和航空相片。卫星影像已成为GIS另一个重要的数据源,其不仅能够提供实时数据,如果能够进行有规律的间隔采集,卫星影像还能够提供动态数据,用于记录和监测陆地和水生环境的变化。航空相片所包含的信息内容丰富、客观真实,通过对航空相片的解译和野外调绘,可以获取有关地区生态环境静要素数据。航空相片作为GIS的一个重要数据源,其解译或调绘的成果通常被转绘成地图,并以地图的形式经数字化输入

GIS,航空相片不仅为显示专题要素提供背景,而且可以为地理数据更新提供依据。

2.2.4 卫星遥感数据采集

以卫星、火箭和航天飞机为平台,从外层空间可对地球目标物进行遥感数据采集。这是20世纪70年代发展起来的一种现代遥感技术。其特点是在数百千米的高度上对地观测,系统收集地表及其周围环境的各种信息,形成影像,便于宏观地研究各种自然现象和规律;能对同一地区周期性地重复成像,发现和掌握自然界的动态变化和运动规律;能迅速地获得所覆盖地区的各种自然现象的最新资料;不受沙漠、冰雪、高山、海洋和国界等环境和条件的限制,对任何地区都能成像。

1. 环境监测的卫星数据资源

目前,卫星遥感技术在环境领域应用非常广泛,按照监测类型可分为水环境监测、大气环境监测和生态环境监测。

1) 水环境监测卫星数据资源

水环境监测主要利用的卫星遥感数据包括 GF-1、ZY3 数据,美国 Landsat-MSS、TM,法国 SPOT-HRV 数据等。20世纪70年代到80年代初,航空遥感技术广泛用于监测海水中的浮游植物;80年代中期以后,利用卫星数据和航天平台上的多光谱扫描仪及成像光谱仪的遥测数据进行水质监测。

2) 大气环境监测卫星数据资源

20世纪90年代以来,越来越多搭载于不同卫星上的大气探测传感器相继升空,为气溶胶和痕量气体等环境空气监测提供了丰富数据源。大气环境卫星提供的丰富数据源使卫星环境遥感的应用领域越来越广,覆盖了环境保护的诸多方面。

20世纪80年代以来,我国的卫星及传感器研制水平迅速提高。1988年、1990年、1999年和2002年,我国先后发射4颗第一代极轨气象卫星,即风云一号(FY-1)A、B、C 和 D 星,2004年和2006年先后发射风云二号(FY-2)C 和 D 星,风云一号和风云二号共同组成了中国气象卫星业务系统,风云三号(FY-3)A 星在2008年5月发射。1999年10月14日,成功发射了中巴地球资源一号卫星(CBERS-01);2003年10月21日,CBERS-02 星发射升空;2007年9月19日,CBERS-02B 星发射升空。国内用于大气环境监测的在轨卫星主要有环境一号卫星和 FY-3A 星。

3) 生态环境监测卫星数据资源

遥感技术生态监测和研究主要应用在土地利用和土地覆盖及生态变化、湖泊与海洋生态、环境污染的生态效应、生物多样性保护、城市生态变化、全球变化、生态与环境灾害的监测等方面。

对不同研究尺度应采用不同的遥感平台数据,具体到卫星及其传感器可以采用如下遥感卫星数据:对于土地利用及生态变化,可以采用 NOAA/AVHRR 数据、Landsat 系列数据和 SPOT 数据等;对于湖泊与海洋生态研究,较为常用的是 Nimbus/CZCS 数据、SeaStar/SeaWiFS 数据等;对于监测全球变化,可利用的卫星数据有日本的 ADEOS 和美国 EP 厅 OMS 卫星遥感数据等。

2. 卫星遥感直收系统

卫星遥感直收系统可实时接收处理高分系列卫星,以及美国气象卫星 NOAA 数据和 EOS-TERRA\AQUA 的 MODIS 数据,还可接收后续卫星 NPP 和欧洲 TOP 数据。该系统的特点是接收卫星数据源广泛,直接接收卫星数据无延时,数据处理自动化程度高,可远程监视,系统稳定性强。

数据接收处理系统主要由以下两大部分组成。

(1) 天线控制分系统,包括 3m X-Y 座架双频馈源跟踪天线、天线罩、天线控制器、自跟踪接收机、GPS 校时器等。

(2) 接收解调分系统,包括 LIX 频段低噪声放大器、LIX 频段变频器、低/高速多功能解调器、多串口服务器等。

3. 卫星数据订购系统

根据环境资源保护的应用需求,向国内外卫星运行管理部门(资源卫星应用中心、生态环境部卫星环境应用中心、国家 E 星气象中心)提交数据申请订单,经卫星运行管理部门审核后,通过政务外网、专用光纤等传输网络获得数据。

若需要国外遥感卫星的影像数据,则通过网络进行数据申请,通过磁盘、光盘等介质实现与国外遥感卫星数据代理机构的数据接入。

4. 外部卫星数据导入系统

开发外部卫星数据导入系统,实现购买或者协调的(磁盘、光盘等)存储设备上卫星数据的导入数据库。

2.2.5 航空遥感数据采集

1. 航空遥感平台介绍

航天遥感平台的优势在于可以大面积地获取遥感数据,缺点是航天遥感平台处于宇宙中,传感器更换、维修非常困难,要获取目标地物信息也受到卫星过境遇到的情况的限制。地面遥感的优势在于灵活机动性强,但传感器一般架设在地面或离地面不高的地方,这就导致能获取的数据信息面积小。相比于航天、地面遥感平台,传感器一般搭载在飞机、无人机、飞艇等上,可以根据需求不同而更换传感器,而且可以较灵活地进入人力难以进入的区域开展遥感数据获取工作。

我国航空遥感平台按是否有人驾驶可分为有人机航空遥感平台和无人飞行器遥感平台两类,可利用的航空工具有飞机、气球、飞艇等。航空遥感按飞行高度可分为低空(600～3 000m)、中空(3 000～10 000m)、高空(10 000m 以上)遥感。

(1) 有人机航空遥感平台。目前除主要使用进口的奖状、里尔等飞机外,中空普通航摄已普遍使用国产的运 5、运 8、运 12 和呼唤等飞机。近几年,为了满足小面积航摄和低空高分辨率航摄的需求,研制生产了多种轻小型有人驾驶航摄机,如海鸥、蜜蜂、海燕等。这些飞机作为遥感平台可分别搭载多种航空遥感仪器,如航空数码相机、RC30 航空照相机、高像素航空数码相机等。

(2) 无人飞行器遥感平台。早在 20 世纪初,无人飞行器(unmanned aerial vehicle,

UAV)就已问世。它可分为无人机、导弹和靶标三大类。最初无人飞行器称为遥控飞行器(remotely piloted vehicle,RPV),大多用作靶机,具体用在环境空气遥感监测方面,无人机可搭载多种传感器。

2. 航空遥感器环境数据

在大数据时代,网络信息日新月异地更替,环保信息散落在互联网各处,不能有效汇聚,导致信息宣传的到达率低;不同单位或者渠道发布的环境信息源定义不尽相同,导致不同信息源无法统一映射和实时更新,也就不能保证环境信息的精准性。环境大数据的存储和应用等方面也发生了相应的变化,大数据背景下是通过对综合数据和大量的历史数据的存储来分析制定战略决策的,而不是依靠传统的细节性数据和当前数据的存储去处理日常事务。因此,在互联网环境大数据应用中,选择适宜的环境大数据的信息汇聚方式是十分必要的。

通过互联网的应用,可以实现环境数据、信息等要素的互通共享,也可以通过互联网获取目标数据,为环境监测、治理和决策提供信息支撑。互联网信息的环境数据来源主要有环境质量、污染源排放和个人活动产生的与环境相关的数据信息。虽然这些数据具有巨大的潜在价值,但其分布较分散,互联网特别是移动互联网的快速普及应用加快上述信息的收集利用。大数据的采集技术主要有以下三种。

(1) 网络爬虫采集。网络爬虫(又被称为网络机器人)是一种自动抓取网页信息的技术。常规的抓取网页基本步骤如下:①以一个或几个原始页面的 URL 作为入口,进行抓取;②将链接集成到原始页面中,并且在搜集网页信息期间,当前页面将获取新链接并将其存放于行列中,以待提取。然而,对于集群爬虫,操作过程相对烦琐。首先,基于所建立的网络研究算法过滤或消除与主题内容不相关的 URL;其次,保存所需的 URL 并置于链接行列中以待搜索提取;再次,通过专门的搜索方法选择行列中的下一个网页链接,并重复以上过程,直到系统满意;最后,查询和检索完成后,对爬虫进行研究、总结和反馈后继续指导收集任务。

(2) 增量采集。增量采集即对新增的环境数据进行采集。环境大数据具有更新频繁且数据量大的特点,因此必须对上次采集后变化的数据进行识别,主要是通过组成最新优化排列的 URL 比较所解析的环境大数据中的内容和上次采集记录的最新信息,若一致,表明增量采集完毕;若不一致,表明该条内容为新增信息并继续进行采集。

(3) 断点续抓。鉴于程序、系统或网络漏洞问题常常导致采集出现中断的情况,当数据量比较小时可直接进行重新采集并覆盖,然而,当数据量巨大且采集具有访问次数限制时,常常需要用到断点续抓策略,即建立采集记录表来记录 URL 中的各项参数,每完成一页抓取就将相应记录表中的页数加 1,采集完最后一页就将完成情况标志位设为 1,否则为 0,这样采集中断后读取记录表即可得到中断点的各个参数。

2.3　资源环境专业数据获取系统与数据库设计

2.3.1　资源环境专业数据获取系统

资源环境专业数据种类繁多,主要通过工作站(台)的方式对定时的现场数据进行收集。

观测站台系统是专业数据获取系统中的一个极为重要和不可或缺的组成部分。尽管各个专业台站网的观测对象、布局安排、工作程序、技术方法相差甚远，但是它们的定位、定时、定量、长期、连续以及由点及面、由局部到全局地对事物进行时空规律研究所能起的作用等方面，却有许多相似或共同之处。

我国的站台分布网络主要包括气象、水文、海洋、环境、生态、地震五个大类，且往往一个工作站要担负多类数据的监测工作。

中国科学院下属的中国生态系统研究网（CERN）是目前比较成熟的资源环境信息（空间信息）数据供应机构，如表 2-1 所示。CERN 自 1988 年建立以来，积累了大量的数据，并陆续建立了 CERN 动态监测数据库、CERN 台站空间数据库、全国陆地生态信息气象栅格数据库以及 China-FLUX 数据库等多个数据库。CERN 动态监测数据库包括我国农田生态系统、森林生态系统、草原生态系统、水体生态系统和荒漠生态系统等五大生态系统的水分、土壤、气象和生物要素的观测值，共形成 193 张数据资源表。CERN 台站空间数据库包括 36 个野外台站的地形、植被、土壤、水分、土地利用等多要素的空间分布图，以及野外采样地点的分布图。气象栅格数据库包括我国辐射要素、温度要素、降水要素和风要素等多要素的全国尺度的每平方公里的气候分布值。China-FLUX 数据库包括 China-FLUX 8 个野外台站的微气象数据、涡度相关数据和通量数据。表 2-1 仅仅是 CERN 数据资源整理的一部分和开始，随着工作的开展，数据资源将会更详细，从而更好地提供数据服务。

表 2-1　CERN 专业领域数据服务

领域	主管部门	专业数据
气象	中国气象局	气候连续观测、地面天气、高空气象、航天空气、农业气象、太阳辐射、短期灾害天气、卫星云图(仅接收)
水文	水利部	基本水文指标、降雨量、水体状况、专业数据
海洋	自然资源部	海洋锚泊(定点长期)气象水文数据、漂流(流动)海域观测、海流潜水观测
环境	生态环境部	地表水质、空气、近岸海域、固体废物、环境噪声、环境辐射、生态生物、酸雨等
生态	中国科学院	专业资源环境信息
地震	国家地震局	地震、地磁、地电、水氡、地形变、重力、强震数据

CERN 观测站分布在全国各地，其野外观测站包括农业、森林、草地、湖泊和水体、荒漠等生态系统。CERN 的具体任务是按统一的规程对中国主要的农田、森林、草原和水域、荒漠生态系统的水、土壤、大气和生物等因子，物质流、能量流等重要的生态学过程，以及对周围地区的土地覆盖和土地利用状况进行长期监测；全面、深入地研究我国主要生态系统的结构、功能和持续利用的途径及方法；参与政府决策过程，为地区和国家关于资源、环境方面的重大决策等提供数据参考。

2.3.2　资源环境综合基础数据库的设计

资源信息与环境信息用途不尽相同，前者用于资源的开发、统筹、管理、分配、保护；后者用于环境问题的识别、诊断、修复、分析、归纳、预测，但最终用途都是为社会可持续发展服务的，而且在数据本质上也有着相似点，就是以空间为载体，互相影响，共同作用。换句话说，它们既分享了共同的背景，也影响了共同的对象。所以为了能建立起可统筹规划管理决策模型,必须将资源信息和环境信息共同的背景与对象整合在一个基础数据库中。

　　基础数据库主要分为三个部分:基础空间数据库、基础引用数据库、基础动态信息数据库。基础空间数据库包括经配准、校正过的基础遥感影像数据库和经数字化后得到的具有普遍使用价值的矢量数据库。其中,基础遥感影像数据包括各级分辨率内普遍应用且符合标准的信息,包括真彩色与各常用波段的假彩色影像。数字化后的矢量数据,不仅要在内容上与级别对应,更要在属性字段的名称、值与引用编码与标准保持统一,使用数据能在尽可能大的范围内被调用。基础引用数据库在基础库中作为被引用的基础数据提供者(dictionary data),在主键编码上要严格符合相应的资源环境编码标准;在内容上主要包括常见资源环境对象及其属性的描述,即构建资源环境对象的基础信息模型。此外,与资源环境有关的法律法规,也要包括在引用库内,使对资源环境对象的监控和管理在法律与政策的框架内容更具有可操作性。基础动态信息数据库内容相对有限,要满足两个条件,就是在时间和应用上具有普遍使用意义的数据。由于一些在多个领域和部门常需要引用的数据,如气象数据、水文数据,具有非常强的时间性,静态的数据没有任何意义,所以采用动态数据就是在时间上增强了它的普适性。基础数据库整合模式设计如图 2-1 所示。由于其在时间上、应用上具有普适性,可以提供多部门的资源环境数据来源。

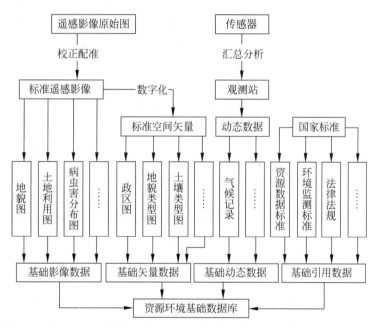

图 2-1　基础数据库整合模式设计

　　在构建基础数据库中,选取、开发和营运基础数据,是一个涉及面广、影响深远、技术复杂、历时长久的系统工程项目。为了顺利、健康地实施这种项目,必须确立一些明确的指导原则,及时地解决出现的问题,调整各方面之间的关系。具体来说,这些指导原则如下。

　　(1)兼顾共享应用需求的原则。在选择基础数据时,必须兼顾用户对地球空间数据共享与应用两方面的需求。也就是说,除了确保有一套共同、标准、精确的地理基础底图,即框架数据,各地区和部门的专题数据能叠加其上、配合使用外,还要选择用户完成应用任务时,需要来自其他地区和部门、描述人地系统及双方基本状况与特征的一些数据。

（2）满足多级用户需要的原则。基础数据可以有国家级、省级、县级、城市等级别和类型不同的区域用户，也可以有相应级别不同专业部门所属单位的用户。尽管这些用户对于框架数据内容的需求大体相同，但其所需框架数据的地理或空间范围以及它们的技术要求却有很大的差异。这些在选择、开放和营运框架数据时必须加以考虑。

（3）统筹供需伙伴利益的原则。对于基础数据的选择、开发和营运，政府的集中投资固然具有举足轻重的作用，但是还需要各地区和各部门的积极参与和投入。因此，必须落实框架数据的开发和营运单位，统筹供需之间的利益分配，确保它们能够持续发展和应用。

（4）确保投入产出高效的原则。对框架数据的开发和维护者而言，这是一项工作量巨大、耗时长久、基础性强、"墙内开花墙外香"的任务。为此，除了要统筹供需双方的利益分配，还必须全面地坚持入选框架数据的内容要最基础、范围要最狭窄、应用要最频繁、用户要最广泛的标准，使框架数据集最小化，以确保投入产出效率的最大化。

2.3.3 资源环境综合基础数据库的内容

空间数据是一种基于空间参考的数据，它以定点、定线或定面的方式与地球表面建立位置关系。图像数据如遥感数据，图形数据如普通地图、专题地图等，地理统计数据，资源评价数据及环境监测数据等，由于其管理与地面方位的关系密切，均是空间数据的重要代表。

1. 栅格空间专业数据

1）栅格数据的内容与分类

从栅格数据的作用讲，除了在基础数据库中包括的、具有广泛研究价值的真彩色图像以外，还有两大类的栅格数据：一类是便于配准的图形图像控制点数据；另一类是实际用于分析的图像数据。

（1）图形图像控制点数据。图形图像控制点数据的构成比较单一，挑选一些特征点（尽可能在时间上稳定）一定邻域内的图像，通过模糊识别技术，批量配准该区域的遥感影像。这可以提高对该地区资源环境动态对象或事件的标准化存储效率：首先，这些点的坐标系相同，几何校正后同一地物、不同栅格影像上的形状、大小可以保持基本稳定；其次，配准的标本点一致，可使不同栅格影像之间由于人为误差造成的差异降到最低。但对于样本点选择的要求比传统的采样点高得多：有极显著的特征，否则会造成不同图像在进行自动处理时，由于采样点歧义产生巨大变形；在时间上稳定，否则样本点的有价值期（生命期）就非常短，甚至只能使用一次，这就没有收录的必要了；分布合理，疏密得当，否则所有被处理的图像将存在相同的畸变，产生不易察觉的误差；必须是多级分辨率独立建库，否则可以造成样本点在图像中对应的区域"面目全非"，无法建立统计匹配的对应关系。样本点具体分级分类方案可参见 Beer 空间分辨率圆锥。

（2）图像数据。实际用于分析的图像数据根据观察对象可分为土地资源影像、植被遥感影像、水体遥感影像、（气象）卫星云图、矿藏资源影像等。

① 土地资源影像。土地资源影像的分辨率跨度最大，可以纵跨五级，包括一个地区的土地利用类型、土壤类型、地质类型、土壤水盐信息（大区域统计预测）、水土流失信息等。

② 植被遥感影像。植被遥感影像是其所处生境情况的间接反应。一般在第 Ⅱ ～ Ⅳ 级的尺度上分析地表温度、植被指数（LST/NDVI）、森林火灾风险、土壤水分热力学信息

(SPAC—土壤、植物、大气连续体系、风险预测)等。

③ 水体遥感影像。水体遥感影像的分辨率随观测对象的变化而变化,海洋信息的级别较高、分辨率低,河道信息的级别低、分辨率高。它们大多直接反映水环境情况,也能通过水生植物间接了解某方面水质情况。海洋遥感信息主要包括海洋资源(潮汐、能源矿石、生物、滩涂等)、海洋气候变化(温度与洋流)、海洋环境信息(富营养化石油膜等)。河流、湖泊的遥感信息主要包括水资源信息(湖深、河宽)、水能资源信息(地形落差)、水环境信息(富营养化等)。

④ 卫星云图。卫星云图的分辨率较低,级别较高,这是因为气象事件本身在空间上的影响范围较大。卫星云图主要包括气象信息(降水、日照)、大气热力学信息、自然灾害迁移信息等。

⑤ 矿藏资源影像。矿藏资源影像主要包括部分地质信息。

2) 栅格数据的组织

由于专业栅格数据量一般较大,即使经过压缩依然会有占用很大空间,所以现在一般不将专业栅格数据直接放到数据库中,而是作为一个文件独立存储,数据库只是起到一个索引的作用。即使是比较小的栅格数据,如图形图像控制点,也是二进制文件,放在连续的扇区段内,数据区中也只记录该扇区段的指针。栅格数据的组织是利用数据库的索引功能,尽快地找到尽可能小而信息量足够的所需栅格数据。特别在网络化的数据库中,栅格数据可能还要转化后再截取,通过缩小视野,来减少数据的传输量。这除了在技术上需要数据库索引技术的支持外,还需要专业知识的整合。因为栅格数据单一波段的影像往往不能全面地说明问题,这就需要将所需用的波段按照各研究对象分配给研究者。说明来源、性质、用途的索引信息,就是元数据。所以,从某种意义上说,对栅格数据的索引,就是元数据的索引。只要明确了用途,就建立了与来源、性质的一对多的关系,这样就有利于综合分析专业空间栅格数据了。元数据中包括影像来源和基本特性。部分已发射卫星标准影像的数据的基本特征如表2-2所示。

表 2-2　部分已发射卫星标准影像的数据的基本特征

卫　星	运行时间	传　感　器	分辨率/m	影像尺寸/km	周期/天	光谱特性/nm
Landsat 1-3	1982—1992 年	多光谱扫描仪	80	185×185	16	500～690 600～700 700～800 800～1 100
SPOT 1-3	1986—	高分辨率可见光扫描仪(多光谱)	20	60×60	26	500～590 610～680
		高分辨率可见光扫描仪(全色)	10	60×60	26	790～890 510～730

影像的基本特征就是卫星在地表投影的经纬度、视野范围、拍摄日期与时间、光谱特征等。这样,在索引所需的影像文件时,可以根据经纬度、分辨率、尺寸和光谱特性,找到最合适的来源。此外还可以建立分析用途与光谱集合的对应关系,可以更快完成栅格影像的搜集工作。

2. 矢量空间专业数据

1) 矢量数据的内容与分类

从内容上讲,资源环境的矢量数据主要反映对象下列信息。

(1) 空间定位信息。能确定在什么地方有什么事物或发生什么事情。资源供应与需求的位置、环境物质的源与汇的位置是具有明显定位要求的对象。

(2) 空间量度信息。能计算诸如物体的长度、面积、物体之间的距离和相对方位等。资源输送的距离、资源供给范围、环境物质异地处置的距离、环境异位修复的距离及环境物质影响的范围是常用的量度信息。

(3) 空间关系信息。能知道空间物体之间的分布关系、拓扑关系(如邻接、关联、包含等)。常用来讨论资源环境各要素之间,或与社会因素之间相互的影响,是资源环境信息管理的重要组成部分。

2) 矢量数据的组织

在实际使用中,矢量数据可以以三种形式被存储和调用:单图层矢量、组合图层群集、地图文件三种形式。下面以 ArcGIS 产品为例来介绍。

(1) 单图层矢量。即.shp 文件,可以用来表示单一地物的空间信息,如某种矿产位置、河流道路、林区覆盖面耕地等。单图层文件记录矢量的实体数据,可用于存储、传输、共享、发布;可以是单一的元素,也可以是具有相同空间属性的元素集合:点的集合、线的集合、面的集合,如城市(点)的集合、道路(线)的集合、盐碱地(面)的集合等。

(2) 组合图层群集。即.lyr 文件,是为了方便放置地图元素,预先叠放在一起的图层集。这些图层之间一般有普遍的逻辑或产业联系。如城市和道路可以放置在一个图层集中,它们和盐碱地没有产业联系。图层群集的元素可以是多种类的,但文件只记录每个图层的引用信息,而不记录图层的数据,所以如果地理数据集在目录中被移动或重命名,就必须用地理数据的新地址更新图层,否则无法保证集合能正确引用每一层的数据,因此也不适于共享。对于已发布(共享)的单图层矢量来说,图层群集的发布(或共享)才有意义。

(3) 地图文件。地图文件有两种类型,一种是地图存储文件,另一种是地图模板文件,都可以存为.mxd 文件,在 ArcIMS 中也可存为将模板文件存为.axl 文件。它们都不仅保存了图层(或群集)的引用,也保存了样式,在地图文件上会以固定的样式加载每层的信息。地图存储文件用于印刷和制图,地图模板文件用于共享和发布。在一个地图中的图层,大多是围绕一个主题或与某种单一决策有关的因素的集合。

3. DEM 专业数据

1) DEM 数据的内容

数字高程模型(digital elevation model,DEM)是一种可以用来表现与分析地面地伏的数据,当然也可以用于描绘非直观资源环境对象或事件的空间格局。

DEM 数据不仅可以表现地形的起伏特征,也可以表现在空间上连续变化的资源环境对象或事件的某一属性,如等温线、等压线和各种资源环境指标的等值线。

2) DEM 的数据结构

DEM 包括平面位置和高程数据两种信息。这两种信息目前主要通过野外测量、航空航天摄影测量和现有地形图数字化三种方式获得。航空航天摄影测量一直是地形图测绘和更新的有效手段,所获取的影像数据是高精度、大范围的 DEM,生产最有价值的数据源。地形图数字化是 DEM 的另外一种主要数据源,几乎世界上各国都测绘了覆盖本国的各种比例尺的地形图,这些数据为地形建模提供丰富廉价的数据。而全站仪、GPS 经纬仪等手段,可获取小范围、大比例尺高精度的地形建模数据,同时也是对航空航天摄影测量和地图数字化两者的补充和检验。

有三种方式可以组织上述方法所获得的数据:规则网格结构、不规则三角网结构、等高(值)线(面)结构。

由于在资源环境信息中,地形只是一个基础数据,作为分析的依据,而实际参与运算的情况有限(水文信息中常见),所以规则网格、不规则网格的 DEM 数据几乎只在基础数据库中出现;而等值线,由于内容多样、数据量小,常作为资源环境信息模型。

2.4　资源环境大数据采集案例

下面以 DTM(digital terrain model,数字地面模型)的数据源与采集方法为例介绍资源环境大数据采集数据源与采集方法。

1. 以航空或航天遥感图像为数据源

这种方法是由航空或航天遥感立体像对,用摄影测量的方法建立空间地形立体模型,量取密集数字高程数据,建立 DTM,如图 2-2 所示。采集数据的摄影测量仪器包括各种解析的和数字的摄影测量与遥感仪器。

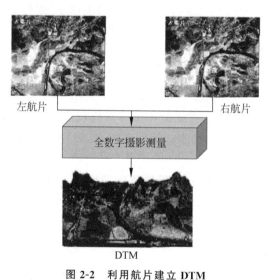

图 2-2　利用航片建立 DTM

摄影测量采样法还可以进一步分成以下几种。

(1)选择采样。在采样之前或采样过程中选择所需采集高程数据的样点(地形特征点,如断崖、沟谷、脊等)。

(2)适应性采样。采样过程中发现某些地面没有包含必要信息时,取消某些样点,以减少冗余数据(如平坦地面)。

(3)先进采样法。采样和分析同时进行,数据分析支配采样过程。先进采样在产生高程矩阵时能按地表起伏变化的复杂性进行客观、自动的采样。实际上它是连续的不同密度的采样过程,首先按粗略格网采样,然后在变化较复杂的地区进行精细格网(采样密度增加一倍)采样。由计算机对前两次采样获得的数据点进行分析后,再决定是否需要继续进行高一级密度的采样。计算机的分析过程是:在前一次采样数据中选择相邻的 9 个点作窗口,计算沿行或列方向邻接点之间的一阶和二阶差分。由于差分中包含了地面曲率信息,因此可按曲率信息选取阈值。如果曲率超过阈值时,就必须进行另一级格网密度的采样。

2. 以地形图为数据源

主要以比例尺不大于 1∶10 000 的国家近期地形图为数据源,从中量取中等密度地面点集的高程数据,建立 DTM,如图 2-3 所示。其方法有下列几种。

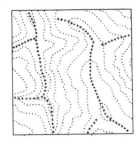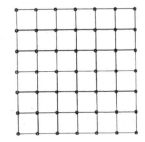

图 2-3 以地形图为数据源建立 DTM

(1) 手工方法。采用方格膜片、网点板或带刻线的平移角尺叠置在地形图上,并使地形图的格网与网点板或膜片的格网线逐格匹配定位,自上而下,逐行从左到右量取高程。当格网交;点落在相邻等高线之间时,用目视线性内插方法估计高程值。它的优点是几乎不需要购置仪器设备,而且操作简便。

(2) 手扶跟踪数字化仪采集。手扶跟踪数字化仪采集方式有沿主要等高线采集平面曲率极值点,并选采高程注记点和线性加密点作补充;逐条等高线的线方式连续采集样点,并采集所有高程注记点作补充,这种方式适用于等高线较稀疏的平坦地区;沿曲线和坡折线采集曲率极值点,并补采峰—鞍线和水边线的支撑点,分别以等高线、峰—鞍链和边界链格式存储。

(3) 扫描数字化仪采集。这种方式采集速度最快,但目前仅能以扫描分版等高线图方式采集高程。随着研究的不断深入,一些难点和瓶颈问题被解决,从地图扫描数据中自建立 DTM 技术必将达到实用水平。

3. 以地面实测记录为数据源

用电子速测仪(全站仪)和电子手簿或测距经纬仪配合 PC1500 等袖珍计算机,在已知点位的观测站上观测目标点的方向、距离和高差三个要素,计算出目标点的 x、y、z 三维坐标,存储在电子手簿或袖珍计算机中,成为建立 DTM 的原始数据。这种方法一般用于建立小范围大比例尺(比例尺大于 1∶5 000)区域的 DTM,对高程的精度要求较高。另外气压测高法获取地面稀疏点集的高程数据,也可用来建立对高程精度要求不高的 DTM。

4. 其他数据源

采用近景摄影测量在地面摄取立体像对,构造解析模型,可获得小区域的 DTM。此时,数据的采集方法与航空摄影测量基本相同。这种方法在山区峡谷、线路工程和露天矿山中有较大的应用价值。另外,航空测高仪可获得精度要求不太高的高程数据,也可以依此来构造 DTM。

本 章 小 结

与传统的数据采集相比,资源环境大数据采集更注重资源环境大数据的信息资源建设,一方面,要向环境管理及相关政务部门开放共享,支撑应用实现政府"用数据说话,用数据管理,用数据决策",使环境治理与管理工作从粗放向精细转变、从被动响应向主动预见转变、从经验判断向大数据科学决策转变;另一方面,要向社会开放,鼓励市场开发利用资源环境信息资源,培育新的信息消费增长点。总之,资源环境大数据采集主要是基于物联网的资源环境数据采集,具体体现在地面环境监测数据、卫星遥感环境监测数据和航空遥感环境监测数据采集等方面。

 拓展阅读

移动应用程序也被广泛用于众源地理信息采集,如 Poimapper、GIS cloud、FieldMap、GeoODK collect、ArcGIS 等传统地理信息系统(geographic information system,GIS)和 Google Earth Engine(GEE)地理数据云计算平台。

习题与思考

1. 资源环境大数据的来源有哪些?
2. 资源环境数据库有哪些?
3. 如何进行资源环境大数据采集?

第3章

资源环境大数据存储

学习目标

　　熟悉 Google 数据分析系统及管理框架；了解 Hadoop 编程模型、数据存储及管理；掌握资源环境空间数据各种存储系统的特点及其差异性；掌握各种数据的存储和计算方案；了解资源环境大数据存储、分析与应用及其管理的意义；掌握资源环境大数据管理平台技术架构。

章节内容

　　本章系统地介绍了 Google 和 Hadoop 大数据分析系统，并对其模型、数据存储及其管理框架做了介绍。此外，本章对基于 MPP（massively parallel processing，大规模并行处理）的分布式数据库、分布式文件系统、各种非关系型数据库（NoSQL）分布式存储方案进行了详细的介绍，并综述了环境大数据存储、分析与应用及其管理的意义，以及管理平台技术架构。

3.1　资源环境大数据存储概述

　　今天，大数据之所以成为全球关注的热点，归功于互联网、物联网、移动互联网、云计算的迅猛发展。在这个万物互联的时代，各种智能终端、智能设备、可穿戴设备、手机、PAD 通过移动互联网、射频识别等连接在一起，时时刻刻、分分钟产生体量巨大的数据，对数据的存储和处理带来了极大的挑战，传统的、常规的关系型数据库和处理技术手段根本无法应对。为了解决大数据存储和管理的挑战，大数据的存储和管理新技术应运而生，主要包括分布式缓存、基于 MPP 的分布式数据库、分布式文件系统、各种非关系型数据库（NoSQL）分布式存储方案等。

　　分布式缓存使用 CARP（caching array routing protocol，缓存阵列路由协议）技术，可以进行高效率无接缝式的缓存，让多台缓存服务器形同一台，且不会引起数据重复存放的问题。这种技术能够提高数据的访问速度和吞吐量，提升系统的性能。

分布式数据库系统通常使用较小的计算机系统,每台计算机可独立存放在一个位置,并拥有一份数据库管理系统(data base management system,DBMS)的完整副本,且有各自局部的数据库,通过网络互相连接,可将不同位置的计算机共同组成一个完整的大型数据库。这种架构可以实现数据的分布式存储和处理,提高系统的可扩展性和容错性。

分布式文件系统(distributed file system,DFS)是应对互联网的需求而产生的,它指的是文件系统管理的物理存储资源通过计算机网络与节点相连,不一定直接连接在本地节点上。它可将固定于某个位置的文件系统扩展到任意多个位置、多个文件系统,各个节点组成一个文件系统网络。众多的节点不一定分布在同一位置,可以通过网络传输不同节点间的通信和数据。用户在使用分布式文件系统时无须关注数据存储位置及其具体获取节点,只需像使用本地文件系统一样管理和存储文件系统中的数据。这种架构可以实现高可用性和可扩展性。

NoSQL 泛指非关系型的数据库,是为了应对大规模数据集合多种数据种类带来的挑战,尤其是解决大数据应用难题而产生的数据库。NoSQL 数据库具有高可扩展性、高性能和灵活的数据模型等特点。目前,Google 的 BigTable(数据库系统)和 Amazon 的 Dynamo 使用的就是 NoSQL。HBase 是 Apache 软件基金会(Apache Software Foundation,ASF)的 Hadoop(一个开源分布式计算平台)项目的子项目,它的模式是基于列而不是行,是适用于非结构化数据存储的数据库。这些 NoSQL 数据库可以有效地存储和管理大规模的非结构化数据。

福布斯专栏作家戴夫·费因列布(Dave Feinleib)绘制了一张大数据生态系统图谱,基本囊括了目前大数据商业应用的种类,包括大数据的技术支撑、服务框架及商业应用。[1]

综上所述,随着大数据时代的到来,传统的关系型数据库和处理技术已经无法满足大数据存储和管理的需求。分布式缓存、分布式数据库、分布式文件系统和 NoSQL 数据库等新技术的出现,为大数据的存储和管理提供了新的解决方案。这些技术的应用可以提高数据的处理效率、系统的可扩展性和容错性,帮助人们更好地应对大数据时代的挑战。

3.2 大数据存储管理技术

Google 自行研发了一系列以 gTable 为代表的大数据处理技术,还开发了分布式文件系统 FS 和编程模型 MapReduce。这些技术在 Google 内部被广泛应用,并取得了显著的成果。随着这些技术的成功,Google 将它们开源,并推动了一系列云计算开源工具的发展,其中以 Hadoop 最为著名。在 Google 的技术演化过程中,gTable 是一种基于 BigTable 的数据库系统,它采用了 NoSQL 的数据模型,具有高可扩展性和高性能的特点。gTable 的设计思想是将数据分布存储在多台计算机上,通过分布式计算和存储来处理大规模数据集合。这种分布式存储和计算的架构为后来的大数据处理技术奠定了基础。[2]

另外,Google 还开发了分布式文件系统 FS,它是为了解决大规模数据存储和管理的问题而设计的。FS 可以将数据存储在多个节点上,并通过网络传输进行数据的读写操作。FS 的设计目标是提供高可用性和可扩展性,使用户可以像使用本地文件系统一样管理和存储数据。与此同时,Google 还开发了 MapReduce 编程模型,它是一种用于分布式计算的编程模型。MapReduce 将计算任务分解成多个并行的子任务,并在分布式计算集群上进行计算。通过将计算任务分布到多台计算机上,MapReduce 实现了高效的并行计算,可以处理大规模的数据集合。

这些技术的成功应用和开源推广,促进了云计算开源工具的发展。Hadoop 是其中最著名的开源工具,它是基于 Google 的技术演化过程而发展起来的。Hadoop 提供了分布式存储和计算的能力,可以处理大规模的数据集合,并提供了丰富的生态系统和工具支持。

Google 大数据技术演化过程如图 3-1 所示。这些技术的出现和演化,为大数据处理和云计算提供了强大的支持,推动了大数据时代的到来。

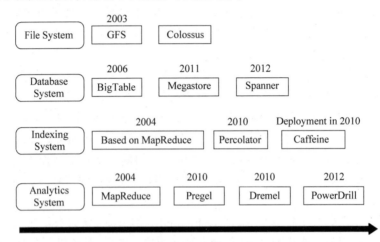

图 3-1 Google 大数据技术演化过程

3.2.1 Google 大数据管理框架

1. Google 分布式文件系统(GFS)

Google 分布式文件系统(Google file system,GFS)是 Google 为存储海量搜索数据而设计的分布式文件系统,用于支持众多分布式数据密集型应用。GFS 的设计目标是提供高性能、可靠的存储服务,并能在廉价的普通硬件上运行。它采用了一系列策略和技术,如数据的自动恢复、破损数据的复制、存储数据校验和容错等。

GFS 的核心架构由一个主服务器(Master)和大量的块服务器(Chunkserver)组成。主服务器负责维护文件系统的元数据(Metadata),包括文件系统索引的名字空间、访问控制信息、文件到块的映射以及块的当前位置等。它还负责管理块租约(Lease)、垃圾收集和块迁移等系统级的活动。主服务器通过与每个块服务器定期通信的 HeartBeat 消息,可以向块服务器发送指令并收集其状态。

块服务器是 GFS 的存储节点,它将块视为 Linux 文件存储在本地磁盘上。每个块服务器可以对由 Chunk-handle 和位区间指定的数据进行读写操作。为了保证数据的可靠性,每个块都会被复制到多个块服务器上。一般情况下,每个块会保存 3 个副本,用户也可以根据需求指定复制的副本数。这种副本机制可以提高数据的可靠性和可用性,一旦某个块服务器出现故障,系统可以自动选择其他副本提供服务。

GFS 的客户端代码实现了文件系统的 API(application program interface,应用程序接口),通过与主服务器和块服务器通信读写数据。客户端与块服务器直接联系,而与主服务器的交互仅限于对元数据的操作。客户端和块服务器都不进行文件数据的缓存,这简化了客户端程序和整个系统的设计,因为不需要考虑缓存一致性的问题。即使用户缓存了元数据,块服务器也不需要进行缓存,因为块是以本地文件的形式存储的。

GFS 的设计和实现使它能够提供高性能、可靠的存储服务,支持大规模数据处理和分布式计算。它的出现对于 Google 内部的数据处理和云计算起到了重要的推动作用,并对后来的分布式文件系统和大数据处理技术产生了深远的影响。

GFS 的优势在于其高可靠性和可扩展性。通过将数据进行复制和分布存储,GFS 可以容忍多个块服务器的故障,并且可以根据需要动态扩展存储容量。此外,GFS 还支持快速自动恢复,当块服务器发生故障时,系统会自动将副本迁移到其他正常的块服务器上,以保证数据的可用性。

GFS 的应用范围非常广泛,不仅可以用于存储海量搜索数据,还可以支持其他大规模数据处理任务,如机器学习、数据挖掘、日志分析等。它的设计理念和技术手段也为其他分布式文件系统和大数据处理平台提供了有益的借鉴和参考。

总之,GFS 是一种为存储海量数据而设计的分布式文件系统,它通过主服务器和块服务器的组合,实现了高性能、可靠的存储服务。GFS 的设计理念和技术手段对于分布式存储和大数据处理领域产生了深远的影响,为后来的系统提供了有益的借鉴和参考。

2. Google 数据库系统(BigTable)

BigTable 是 Google 早期开发的一种数据库系统,其本质为稀疏、分布式、有序、多维度的映射表。表中的数据通过一个行关键字(Row Key)、一个列关键字(Column Key)及一个时间戳(Time Stamp)进行索引。作为一种非关系型的数据库,BigTable 能够快速且可靠地处理 PB 级别的数据,同时可以部署到大量的廉价计算机集群上。

行关键字为 BigTable 的第一级索引,BigTable 的行关键字可以是任意字符串,但是其大小不能超过 64KB,但在使用过程中,大小在 10~100B 基本可满足大多数用户的需求。表中数据都是根据行关键字并采取词典序来进行排序的,同一地址域的网页会被存储在表中的连续位置。因为 BigTable 映射表的规模过大,不便于操作,因此映射表会根据行关键字自动分割成许多大小不一的子表,但每个子表的大小不超过 200MB。

列关键字为 BigTable 的第二级索引。为使访问控制更简单,所有列关键字被划分为若干集合,称为列族(Column Family)。在使用之前,必须先创建列族,创建之后,其中的任何一个列关键字下都可以存储数据。由于列族在运行期间很少改变,所以一张表中的列族不能太多(最多几百个),但一张表中的列可以是无限个,且可随意删减。列关键字的命名必须遵循一定的规则,即"列族名:限定词"(Family:Qualifier)。

时间戳为 BigTable 的第三级索引,其类型是 64 位整型,精度可达到毫秒级,可以由 BigTable 给时间戳赋值,也可以由用户程序给时间戳赋值。BigTable 中每个数据都可以储存多个版本,不同版本的数据按照时间戳倒序排序,即最新的数据排在最前面,根据时间戳的索引就能识别不同的版本。每一个列族还配有两个设置参数,通过这两个参数,BigTable 便可自动删除无用版本的数据,从而减轻数据的管理负荷。

与传统的关系型数据库相比,BigTable 的模型更加简单,并且支持的功能有限。它不支持 ACID[Atomicty(原子性)、Consistency(一致性)、Isolation(独立性)、Durability(持久性)]特性,这意味着在处理数据时需要考虑一些额外的因素。然而,BigTable 在处理大规模数据和分布式计算方面具有优势,可以提供高性能和可靠性。

总之,BigTable 是一种非关系型数据库系统,通过稀疏、分布式、有序、多维度的映射表来存储和索引数据。它的设计目标是处理大规模数据,并且可以部署在廉价计算机集群上。尽管 BigTable 的模型相对简单,但它在处理大数据和分布式计算方面具有优势,可以满足 Google 等大型互联网公司的需求。

3. Google 数据库(Spanner)

Spanner 是一种可扩展、多版本、全球分布式且支持同步复制的数据库系统。它是 Google 最新的数据库系统,于 2012 年在操作系统设计与实现研讨会(OSDI)上首次公开亮相。Spanner 是第一个能够实现全球规模扩展且支持外部一致性的分布式存储系统。它具有许多强大的功能,包括无锁读事务、原子模式修改和读历史数据无阻塞等。

Spanner 通过利用 GPS 和原子时钟技术,实现了一个新的时间 API,可以将各个数据中心之间的时间差控制在 10ms 以内。这种时间控制的精确性使 Spanner 能够实现全球范围内的数据存储和一致性,为用户提供高可用性和可靠性的服务。此外,Google 还在 SIGMOK 会议上公开了 F1,这是一种混合型数据库,底层存储采用了 Spanner。F1 具备了 Spanner 的高扩展性和全局分布式、同步跨数据中心复制等特性,同时还具备了 SQL 数据库的可用性和功能性。

Google 的数据分析系统 Dremel 是一种"交互式"数据分析系统,能够构建成规模上千的集群,并处理 PB 级别的数据。Dremel 是一种可扩展的、交互式的实时查询系统,用于只读嵌套数据的分析。它通过结合多级树状执行过程和列式数据结构,能够在几秒内完成对万亿张表的聚合查询。Dremel 还可以在各种各样的 CPU(central processing unit,中央处理器)上进行扩展,满足上万 Google 用户对 PB 级别数据的查询需求,并在 2~3s 内完成这些查询。

总的来说,Google 的数据库系统 Spanner 和数据分析系统 Dremel 是该公司在大数据处理和分布式系统领域的重要技术创新。它们的出现为 Google 在全球范围内处理海量数据和提供高性能分析能力提供了强大的支持,对于推动大数据时代的发展具有重要意义。Spanner 通过实现全球规模扩展和外部一致性的分布式事务,提供了高可用性和可靠性的数据存储服务。而 Dremel 则提供了快速、交互式的数据分析能力,让用户能够在海量数据中进行实时查询和深入分析。这些系统的创新使 Google 能够处理规模庞大的数据,并从中获取有价值的信息。

3.2.2　Hadoop 大数据管理框架

Hadoop 大数据管理框架是一个用 Java 语言实现的开源软件平台,由 Apache 维护和支持。它的主要目标是处理和管理大规模数据集,并允许在大量计算机集群上进行分布式处理。Hadoop 起源于 Google 的集群系统,且是 Google 集群系统的一个开源实现[3]。

Hadoop 的核心组件包括 Hadoop 分布式文件系统(HDFS)和 Hadoop 编程模型(Hadoop MapReduce)。HDFS 是一个分布式文件系统,它将数据存储在多个计算机节点上,并提供高可靠性和容错性。Hadoop MapReduce 是一种编程模型和执行框架,用于将大规模数据集分解为多个任务,并在集群中并行处理这些任务。

相比于其他分布式系统,Hadoop 在各行业和科研领域中受到广泛的应用和青睐。这是因为 Hadoop 具有许多优点,如高可靠性、高扩展性、高效性和容错性。它可以处理大规模的数据集,从而帮助用户在处理海量数据时获得更好的性能和效率。

Hadoop 的高可靠性是通过将数据复制到不同的计算机节点上实现的。这样,即使某个节点发生故障,数据仍然可以从其他节点恢复。Hadoop 的高扩展性使用户可以根据需要增加或减少计算资源,以适应不断增长的数据处理需求。它还具有高效性,通过在集群中并行处理任务,可以加快数据处理的速度。

另外,Hadoop 还具有容错性,即使在处理过程中发生故障,它也能够自动恢复并继续进行。这种容错性使 Hadoop 成为处理大规模数据集的理想选择,因为它可以保证数据处理的可靠性和稳定性。

总之,Hadoop 大数据管理框架是一个强大的工具,可以帮助用户处理和管理大规模数据集。它的高可靠性、高扩展性、高效性和容错性使其在各行业和科研领域中备受推崇,并成为处理大数据的首选解决方案。

1. Hadoop 分布式文件系统(HDFS)

Hadoop 是一种用于在 Hadoop 集群中存储大量数据的软件架构。它的设计目标是适应廉价机器上的大规模数据存储需求。HDFS 最初作为 Apache Nutch 项目的一部分开发,后来独立出来成为 Apache 的子项目。它具备强大的容错能力和高效的数据访问速度,非常适合于写入一次、多次读取的系统,尤其适用于处理大规模数据集。

在 HDFS 中,采用了主从式的结构来管理数据。整个系统由一个 NameNode 和多个 DataNode 组成。NameNode 是主要的服务器,负责控制用户对文件的访问。它维护了文件目录、文件和数据块的映射关系,以及数据块和 DataNode 的映射关系。NameNode 还负责块的复制、移动和删除等操作。DataNode 是存储实际数据块的节点,负责执行数据的读写操作,并对所在节点上的数据块进行管理和维护。

在 HDFS 中,文件被分成多个块进行存储。大文件会被切分成多个块(block)进行存储,块的大小和复制的副本数量由客户端在创建文件时指定,默认块大小为 64MB。每个块会在多个 DataNode 上存储多个副本,默认情况下是 3 个副本。这种复制机制保证了数据的高可用性和容错能力,即使某个 DataNode 出现故障,仍然可以从其他副本中获取数据。

HDFS 还提供了一些关键的特性来支持大规模数据处理。例如,它支持数据的并行读写,可以同时从多个 DataNode 上读取或写入数据,提高了数据的处理效率。此外,HDFS 还支持数据的快速定位和访问,通过记录每个块的位置信息,可以快速定位到所需数据的位置,减少了数据的访问延迟。Hadoop 体系结构如图 3-2 所示。

总之,HDFS 是一个可靠、高效的分布式文件系统,适用于处理大规模数据集的应用场景。它通过将文件切分成多个块,并在多个节点上复制存储,实现了数据的高可用性和容错能力。同时,它还提供了简单易用的接口和工具,方便用户对数据进行读写和管理。通过使用 HDFS,用户可以在 Hadoop 集群中高效地存储和处理海量数据。

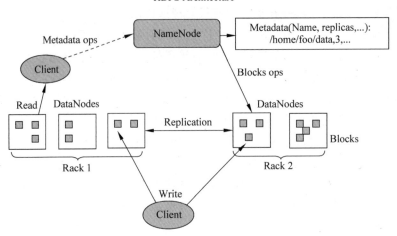

图 3-2　Hadoop 体系结构

2. Hadoop 编程模型(Hadoop MapReduce)

Hadoop MapReduce 是一种易于实现的架构,可较容易地实现在数千台服务器组成的大规模集群上的大规模、高精度、高可靠性的并行计算。MapReduce 采取了"分而治之"的思路,将大量的数据集中在一个主要的节点上,然后将其分配到其他的子节点上,再将这些子节点上的子节点进行集成,从而获得最终的结果。在 MapReduce 中,MapReduce 作业(job)被划分为多个相互分离的数据块,然后通过映射任务(task)对这些数据进行完全平行的处理。Framework 首先将从 Map 中得到的结果分类,并将其输入 Reduce 中。通常,工作的数据都是以文件形式保存的。该架构主要对一些未完成的工作进行排程、监视,并对其进行再处理。通常情况下,Map/Reduce 和分布式文件系统都是基于同一个节点,也就是说,它们通常都是在一个节点上运行的。这样的结构使该架构可以有效地在存储了数据的节点上进行调度。

在 Hadoop 框架中,所有的 MapReduce 都会被定义为一个 Job,而每一个 Job 也会被划分成两类:Map 阶段和 Reduce 阶段。这两个阶段可以通过 Map 和 Reduce 两个函数来表达。Map 函数接收一个<关键字,值>(<key,value>)形式的输入,并以<key,value>形式中间输出,Hadoop 函数接收一个如<key,(list of values)>(<关键字,值列>)形式的输入,并对该 value 集进行加工,每个 Reduce 产生 0 或 1 个输出,Reduce 的输出也是<key,value>形式的。MapReduce 处理过程如图 3-3 所示。

下面通过举例来详细说明 MapReduce 的执行步骤。例如,统计一系列文本中每个词语出现的频率,假定有两个文本文件,一个文件含有 Hello World(你好,世界)和 Bye World(再见,世界),另一个文件含有 Hello Hadoop(你好,Hadoop)和 Bye Hadoop(再见,Hadoop)。MapReduce 的执行步骤具体如下。

把文件分成若干个小的命令(Splits),因为要测试的文件比较小,因此把它们作为一个 Splits,然后把这些文件按行分割形成<key,value>对,具体如图 3-4 所示。这个步骤是通过 MapReduce 框架来实现的,其中偏移量(key 值)包括了回车所占的字符数(在 Windows 与 Linux 下可能会有差异)。

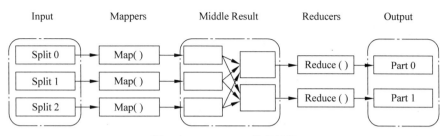

图 3-3 MapReduce 处理过程

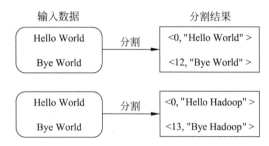

图 3-4 分割过程

把这些被划分出来的＜key,value＞对交给由用户定义的 Map 方式来处理并产生新的＜key,value＞对,如图 3-5 所示。

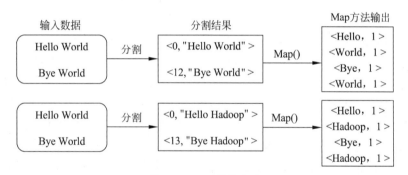

图 3-5 Map 操作方法

Mapper(映射层)将获得 Map 方法输出的＜key,value＞对按照 key 值进行排序,并进行 Combine 处理,再把这些 key 叠加到同样的数值上,从而获得 Mapper 最终的输出结果,如图 3-6 所示。

Reduce 首先会对从 Mapper 收到的数据进行分类,然后将其交给一个用户自定义的 Reduce 方法来处理,从而获得新的＜key,value＞对,并将其作为词语统计输出结果,如图 3-7 所示。

3. Hadoop 数据库(HBase)

HBase 是一种基于列式存储的数据库,具有高可靠性、高性能和可扩展性。相较于传统的关系型数据库,HBase 更适用于非结构化数据的存储和处理。作为 Apache Hadoop 项目的子项目,HBase 借鉴了 Google 的 BigTable 的设计思想,并通过 Hadoop 提供了类似的功能。实际上,HBase 是 Google BigTable 的开源实现,它模拟并提供了 BigTable 的全部

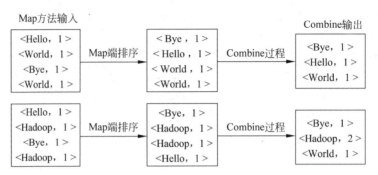

图 3-6 **Map 端排序及 Combine 过程**

图 3-7 **Reduce 端排序及输出结果**

特性。

与 Google BigTable 类似,HBase 使用 Hadoop 分布式文件系统(HDFS)作为其文件存储系统。它通过运行 Hadoop MapReduce 来处理 HBase 中的大量数据,与 Google BigTable 使用 MapReduce 处理 BigTable 中的数据的方式相似。另外,HBase 还使用 Zookeeper 作为协作工具,类似 Google BigTable 使用 Chubby。Zookeeper 提供了分布式协调和一致性服务,帮助 HBase 实现高可靠性和分布式的特性。然而,与传统的关系型数据库不同,HBase 只能利用值域区间范围(range)来检索数据,不支持复杂的查询操作。但可以借助基于 Hadoop 的数据仓库工具 Hive 来实现多表连接等复杂操作。HBase 的分布式特性使得它能够处理大规模的数据,并实现数据的高可靠性和可扩展性。它适用于需要存储和处理非结构化数据的场景,如日志数据、传感器数据、社交媒体数据等。

简言之,HBase 是一种开放、可扩展的数据库,以列式存储为基础,具有高可靠性和高性能。它通过借鉴 Google BigTable 的设计思想,并结合 Hadoop 生态系统的技术,实现了适用于非结构化数据的存储和处理能力。

4. Hadoop 并行计算高级编程语言(Pig)

Pig 是一种基于 Hadoop 的并行计算高级编程语言,它为数据分析提供了一种类似于 SQL 的高级文本语言,称为 PigLatin。通过 PigLatin 语言,用户可以使用类似于 SQL 的语法来对大规模数据进行分析和处理。

Pig 的编译器将 PigLatin 语言的查询请求转化为一组 MapReduce 操作,这样就可以利用 Hadoop 的分布式计算能力来处理大规模的数据集。Pig 主要支持常见的数据分析操作,如分组、过滤、合并等,使编写数据分析程序变得更加简单和高效。

使用 Pig,用户可以通过编写简洁的 PigLatin 脚本来完成复杂的数据分析任务。Pig 提供了丰富的内置函数和操作符,使数据的转换和计算变得更加方便。此外,Pig 还支持自定义函数和操作符,用户可以根据自己的需求扩展 Pig 的功能接口。除了简化编程的工作,Pig 还提供了任务自动执行的功能。用户可以将一系列的 PigLatin 操作组合成一个脚本,并通过 Pig 的执行引擎自动执行。这样,用户无须关心底层的 MapReduce 操作,可以专注于数据分析的逻辑。

Pig 的并行计算能力使它能够处理大规模的数据,并实现高效的数据分析。它适用于需要对海量数据进行处理和分析的场景,如日志分析、数据挖掘、机器学习等。

总之,Pig 是一种基于 Hadoop 的并行计算高级编程语言,通过类 SQL 的 PigLatin 语言和编译器,使得数据分析变得简单和高效。它提供了丰富的内置函数和操作符,支持自定义功能的扩展,并具备任务自动执行的能力。Pig 的并行计算能力使得它成为处理大规模数据的理想工具。

5. Hadoop 数据仓库基础构架(Hive)

Hive 是 Facebook 在 Hadoop 上研发的,它是以一个在 Hadoop 上的数据仓库为基本框架为基础的架构。将 SQL 汇编为 MapReduce,这样就可以在 Hadoop 中阅读并操作数据。Hive 技术的核心是数据提取、转换、加载(extract-transform-load,ETL)。ETL 可以对海量数据进行存储、查询和分析。Hive 具有很好的可扩展性和互操作性。Hive 主要由以下几个部分组成。[4]

(1)用户接口:CLI(command line interface,命令行接口)、Client(客户端接口)和 WUI(web user interface,网络界面接口),用户通过用户接口访问 Hive。

(2)元数据存储:为防止各个使用者在各自的位置上分别设置各自的元数据,并且还必须有一个共用的数据库服务器,因此,要将一个与 JDBC(Java data base connectivity,Java 数据库连接)相一致的数据库作为 Hive 的元数据存储数据库 Metastore_db,之后把 Hive 的所有安装和设置都指向这个数据库就可以了。因此,Hive 通常部署在多用户环境中。

(3)解释器、编译器、优化器、执行器:用于从词法分析、文法分析、编译等方面进行 Hive QL 的查询声明;对性能进行最优化,并产生一个查询规划,这个规划被保存到 HDFS 中,并被执行者调用执行。

Hive 对一种名为 Hive QL 的简单 SQL 类查询语言进行了描述。对 SQL 有一定了解和对 MapReduce 比较了解的人可以通过自定义的 Mapper 或者 Reducer 来解决那些他们自己解决不了的问题。Hive 是一款相对公开的软件,很多内容都支持用户自定义,如在文件格式、脚本、函数等中自定义。

Hive 对 MapReduce 具有高度依赖性,在查询过程中,MapReduce 需要扫描整个数据集,且在任务的处理过程中需要将大量的数据传输到网络。另外,由于扫描一个完整的数据集可能需要几分钟甚至几小时,因此,Hive 在不断进行优化和升级,其中 Presto(分布式查询引擎)是主要的优化项目,适用于实时交互式分析查询,支持海量的数据,查询时间可大幅缩短。

6. 分布式机器学习和数据挖掘的库(Mahout)

Mahout 是一个分布式机器学习和数据挖掘的库,它起源于 Apache Lucene 项目,并专注于处理大规模数据时的机器学习任务。Mahout 提供了一系列的类库和工具,使得开发者可以方便地进行机器学习和数据挖掘的开发工作。

Mahout 的设计目标是在处理大规模数据时作为机器学习工具的选择。它支持简单的命令行交互界面,开发者可以使用这些类库来完成各种机器学习任务。Mahout 的核心主题包括推荐引擎、聚类和分类。它实现了许多经典的数据挖掘算法,并且这些算法模块都是可扩展的。最重要的是,Mahout 将部分算法并行化,使得可以在 Hadoop 分布式平台上处理大规模数据。

其中,Mahout 的推荐引擎模块名为 Taste,它是一个基于 Java 实现的可扩展、高效的推荐引擎。Taste 最初作为一个独立的协同过滤算法实现存在,后来被整合到 Mahout 中。Taste 不仅实现了基于物品和基于用户的基本推荐算法,还提供了扩展接口,使用户可以根据实际需求定义和实现自己的推荐算法。

Mahout 的算法模块具有良好的扩展性,开发者可以根据自己的需求进行定制和扩展。虽然 Mahout 是用 Java 开发的,但它不仅适用于 Java 程序的开发,还可以作为内部服务器的组件,以 HTTP 和 Web 服务的形式对外提供接口。

总之,Mahout 是一个专注于分布式机器学习和数据挖掘的库,它提供了丰富的类库和工具,支持推荐引擎、聚类和分类等核心主题。Mahout 实现了许多经典的数据挖掘算法,并将部分算法并行化,使得可以在 Hadoop 分布式平台上处理大规模数据。Mahout 的推荐引擎模块 Taste 提供了灵活的扩展接口,使得用户可以根据需求定义和实现自己的推荐算法。无论是 Java 开发还是作为内部服务器组件,Mahout 都能满足各种机器学习和数据挖掘任务的需求。

7. Sqoop

Sqoop 是由 Apache 公司开发的一款数据转换工具,它为 HBase 提供了方便的 RDBMS 数据输入功能,使将传统的数据库数据迁移到 HBase 变得非常容易。Sqoop 的主要目标是简化将关系型数据库中的数据导入 Hadoop 生态系统中的过程。它支持从各种主流关系型数据库(如 MySQL、Oracle、SQL Server 等)中提取数据,并将其转换成 Hadoop 所支持的格式,然后将数据导入 Hadoop 的分布式存储系统中,如 HDFS 或 HBase。

在 2012 年 3 月的 Apache 软件基金会董事会上,Sqoop 宣布结束了长达 3 年的企业孵化器阶段,并成为 Apache 顶层项目。这是一个具有里程碑意义的事件,表明 Sqoop 在数据集成领域取得了显著的成就。

Sqoop 的出现对于用户群体来说带来了巨大的价值。在 Hadoop 早期的发展阶段,数据集成是一个重要的挑战,而 Sqoop 为用户提供了一种简单而高效的方式来将关系型数据库的数据导入 Hadoop 中。它解决了传统数据库与 Hadoop 之间的数据迁移问题,使得用户可以更方便地利用 Hadoop 的分布式计算能力来处理和分析数据。

简言之,Sqoop 是由 Apache 公司开发的一款数据转换工具,它为 HBase 提供了方便的 RDBMS 数据输入功能,使将传统数据库数据迁移到 HBase 变得容易。Sqoop 成为 Apache 顶层项目标志着它在数据集成领域的重要地位,为用户群体提供了巨大的价值,并促进了 Hadoop 早期的数据集成工作。

3.3 资源环境空间数据的分布式存储

由于空间数据各种存储系统存在差异性,那么如何选择出最适合的数据存储和计算方案?通常来说,需根据应用需求来灵活选择。一般是从数据规模、数据类别、数据更新频率等几个维度进行综合考量。

3.3.1 大规模影像数据存储

随着大量高分辨率遥感卫星的发射,卫星传感器的空间分辨率和辐射分辨率大幅提升,卫星重访周期也大幅缩短,这导致获取到的各种影像数据量急剧膨胀。同时,由于高中低空航空遥感技术的快速发展和推广应用,也使得航空遥感数据量急剧膨胀。这给 GIS(geographical information system,地理信息系统)软件管理与处理遥感数据提出了新的挑战。

为了有效存储和管理大规模影像数据,基于 HDFS、HBase 等分布式存储技术的 GIS 影像镶嵌数据集成为一种技术模式。这种模式具有以下技术特点。

(1)混合存储模式。与传统的文件型和数据库型影像管理模式不同,镶嵌数据集采用文件结合数据库的混合存储模式,或直接采用分布式存储技术。大规模影像以文件方式组织存储在集中式共享存储或分布式文件系统中,而关于影像的元数据、概览图、层级、文件路径等信息则以镶嵌数据集的模型结构存储在数据库中。这种混合存储模式大幅提升了大规模影像的入库效率。

(2)动态镶嵌。镶嵌数据集管理大规模影像采用按需进行动态镶嵌的方式,可以动态设定重叠区域和无值区域的显示规则。同一份数据也可以根据需要修改显示规则,实现不同模式的显示效果。

(3)可视化栅格函数。为了处理大规模影像,镶嵌数据集提供了多种可视化栅格函数,可以根据需要动态编排各种可视化栅格函数链,甚至可以自定义扩展栅格函数。栅格函数的计算基于显示层进行,既能实时看到函数计算的结果,又能根据需要选择是否将结果进行保存,避免大量中间结果和无效结果对存储空间的占用。

(4)无缝服务发布。服务器 GIS 软件可以无缝对接镶嵌数据集,使得桌面 GIS 软件构建的镶嵌数据集结果能够直接通过 GIS 服务器进行发布,实现在线访问和获取。

通过以上技术特点,大规模影像数据的存储和管理变得更加高效和便捷。这种基于分布式存储技术的方案可以满足对大规模影像数据的存储、处理和共享的需求,为 GIS 软件管理与处理遥感数据提供了强大的支持。

3.3.2 大规模矢量数据存储

矢量空间数据是 GIS 中的典型数据,最常见的类型包括点、线、面及其复合类型。矢量数据经常用于编辑、更新、查询等应用场景,过去一般采用关系型数据库对其进行存储。但面对数据量不断增大的空间数据库的分析计算,该技术路线遇到性能瓶颈,有必要研究新的、适合超大规模矢量空间数据存储的技术方案。根据应用场景的不同,有以下三种不同的存储方案。

(1)分布式 SQL 数据库。该方案被看作原有数据存储方案的平滑升级。一方面,继续使用以 PostgreSQL 及构建关系型数据库作为核心存储，满足 SQL 查询的使用要求；另一方面，使用 Postgres-XL 集群技术对原有数据库进行分布式改造和升级，使其可以应对超大规模矢量数据的存储，便于横向扩展。

（2）分布式文件系统。该方案以 HDFS 为代表，将超大规模矢量数据从传统数据库中抽取出来，构建空间索引后转存到 HDFS。为节省空间，一般以序列化二进制方式进行存储。由于在存储时构建了空间索引，因此可以对数据使用 Spark 进行分布式点对点读取和计算，最大可能地保证计算性能。不过，HDFS 对数据增量更新和 SQL 查询的支持较弱，需要单独设计数据更新机制。

（3）分布式 NoSQL 数据库。该方案以 HBase 为代表，一方面，其核心存储为 NoSQL 数据库，支持分布式水平扩展；另一方面，由于核心仍是数据库技术，在数据库层增加空间索引后，能够支持对空间数据的高效查询和随机读写访问，使用方式相比 HDFS 等分布式文件系统更为灵活，也具备 Spark 分布式分析时所需的高吞吐特性。在进行新型业务系统构建时，可以考虑直接采用 HBase 作为核心存储层。

在进行大规模矢量数据存储选型时，可以根据应用需求进行综合考量。如果侧重 SQL 查询能力，则优先考虑 PostgreSQL；如果侧重超大规模矢量数据复杂迭代计算，则建议将数据转存到 HDFS；如果对这二者都有需求，则建议优先考虑 HBase 数据库。

3.3.3　大规模瓦片数据存储

瓦片数据可分为栅格瓦片和矢量瓦片。栅格瓦片存储了数据渲染后的静态图片，瓦片大小相对比较固定，无法在客户端灵活地修改其风格，其缩放层级在生成时已被固定，也不支持无层级缩放显示。大规模矢量瓦片数据依据显示比例尺，将数据像素化的整型坐标点串和对象的属性信息进行存储，瓦片大小相差较大。矢量瓦片可以在客户端修改其风格，支持无固定层级的缩放显示，还具有体积小、样式可修改、生成速度快等特点。两种瓦片类型都参考了影像金字塔技术，自精细层到最顶层，以倍数逐级采样。

以 OpenStreetMap 为例，其全球瓦片地图服务的层级为 20 层，不同层级的瓦片数目如表 3-1 所示，总数约 910 亿。存储如此大规模的瓦片数据，已超过了常规文件存储中单节点的存储能力，需要采用分布式存储技术。

表 3-1　瓦片层级与数量对照表

层级	比　例　尺	瓦片数量	层级	比　例　尺	瓦片数量
1	1：591 658 582	1	11	1：577 791	1 048 576
2	1：295 829 355	4	12	1：288 895	4 194 304
3	1：147 914 677	16	13	1：144 447	16 777 216
4	1：73 957 338	64	14	1：72 223	67 108 864
5	1：36 978 669	256	15	1：36 111	268 435 456
6	1：18 489 334	1 024	16	1：18 055	1 073 741 824
7	1：9 244 667	4 096	17	1：9 028	4 294 967 296
8	1：4 622 333	16 384	18	1：4 514	17 179 869 184
9	1：2 311 166	65 536	19	1：2 257	68 719 476 736
10	1：1 155 583	262 144	20	1：1 128	274 877 906 944

瓦片数据的应用经历了几个发展阶段。在初始阶段,瓦片数据主要用于发布城市地图,瓦片数量多在百万级别,瓦片文件大多直接存储在文件系统中。随着应用的不断深入,瓦片数据如何更好地在不同机器间迁移、如何进行多版本管理、如何更好地支持不断累积的数据规模等应用问题也不断涌现。这促使瓦片存储技术发展到基于归档文件(如 GeoPackage)和基于数据库(如 MongoDB)的管理阶段。如今,资源环境所管理的数据规模越来越大,全球一体化、海陆一体化等应用场景的出现,对瓦片的存储又提出了新的需求。

瓦片数据的存储是为了支撑高效的瓦片地图服务,因此对瓦片数据存储系统的技术要求有:能够高效存取数以亿计的瓦片数据,满足全球化应用的需要;具有行之有效的吞吐量保障手段,支持存储设备的横向扩展;具有可靠性保障机制,支持 7×24 小时在线服务运行。

横向扩展、可靠性保证是分布式存储系统都具备的能力。瓦片数据的分布式存储大多选用以 MongoDB 为代表的分布式 NoSQL 数据库。瓦片数据不需要复杂的多表间关联查询,通常是在地图可视化层根据当前比例尺、可视化范围,计算出所需瓦片的层、行、列信息,根据这些参数直接获取相应的瓦片对象。NoSQL 数据库提供的查询能力和 BSON 结构,足以支持相关技术要求。

在进行瓦片数据的数据库存储设计时,可以进一步根据瓦片数据的特点来优化存储。通过分析地图瓦片的内容,我们发现不管是栅格瓦片还是矢量瓦片,在海洋、沙漠等地区都存有大量重复内容,因此可以设计一个关联表,重复利用相同内容的瓦片,减少磁盘占用,提高读取效率。

3.4　资源环境大数据管理

资源环境大数据管理是指对资源环境领域中产生的大数据进行有效的存储、管理、分析和利用的过程。资源环境大数据管理涉及多个方面,包括数据采集、数据存储、数据处理、数据分析和数据应用等环节。在资源环境领域,大数据的产生主要来自遥感技术、地理信息系统、传感器网络等数据采集手段。这些数据具有多样性、高维度和大容量的特点,需要进行有效的管理和处理。

资源环境大数据管理的关键技术包括以下几个方面。

(1) 数据采集。数据采集是获取资源环境数据的基础,通过遥感卫星、航空遥感、地面观测等手段,可以获取到大量的资源环境数据。然而,这些数据往往需要经过预处理才能得到准确可靠的信息。预处理包括辐射校正、几何校正、影像拼接等操作,以保证数据的质量和可用性。

(2) 数据存储。由于资源环境领域的数据量庞大,传统的数据存储方式已经无法满足需求。因此,采用分布式存储技术成为解决方案之一。Hadoop 分布式文件系统(HDFS)和分布式数据库等技术可以实现对大规模数据的高效存储和管理,提高数据的访问速度和可靠性。

(3) 数据处理。大规模数据的处理需要借助于大数据处理框架,如 Hadoop 和 Spark 等。这些框架可以实现数据的并行计算和处理,通过分布式计算的方式提高数据处理的效率。同时,数据处理还包括数据的清洗、转换、融合等操作,以提高数据的质量和可用性。

（4）数据分析。通过采用数据挖掘、机器学习、统计分析等方法，可以对资源环境大数据进行深入分析，挖掘其中的规律和特征。数据分析可以帮助决策者更好地理解和管理资源环境，为决策提供科学依据。

（5）数据应用。将资源环境大数据应用于资源管理、环境保护、灾害监测等领域，可以为决策者提供实时、准确的数据支持。通过数据应用，可以实现对资源环境的精细化管理，提高资源利用效率，推动可持续发展。

资源环境大数据管理的目标是实现对大数据的高效利用，提高资源环境管理的科学性和精确性。通过合理的数据采集、存储、处理和分析，可以更好地理解和管理资源环境，推动可持续发展。

3.4.1 资源环境大数据组织管理

1. 资源环境大数据管理的意义

资源环境大数据推动人们的态度和思维的变革，在民主决策进程的发展中，向社会提供规范、公开的环境管理与服务过程中所产生的大量的、复杂的数据。对资源环境大数据进行科学化管理具有重大意义。

（1）有助于突破与环境有关的各部门之间、政府与公民之间的固有界限，促进数据的分享与交流。环境问题涉及多个领域和部门，如气象、水资源、土壤、生态等。通过资源环境大数据管理，可以实现不同部门之间的数据共享和协同工作，促进环境信息的整合和交流。同时，公众也可以通过开放的环境数据，了解环境状况，参与环境保护行动，促进公民与政府之间的互动和合作。

（2）有利于提高企业在环境治理中的早期预警与紧急事件处理能力。强化资源环境大数据管理，可以实现对环境变化的动态监控，及时发现环境问题的迹象，预警潜在风险。同时，通过对网络舆情、危机事件等信息的深度分析和挖掘，可以帮助企业更好地应对环境突发事件，减少环境损害和经济损失。

（3）有利于改变传统的政策制定方式，提高政策执行效率。在大数据的支持下，环境管理机构的决策方式将由以"理论"为基础向以"实践"为基础的科学决策方式转变，从而为其决策的科学化和精准化提供基础。通过对环境大数据的深度分析，可以发现环境问题的规律和趋势，为政策制定者提供科学依据，提高政策的针对性和有效性。

（4）推动更开放、更透明的环境管理。由于环境数据的高开放性、大流量等特点，需要对这些数据进行深度挖掘，并广泛应用于环境管理。通过开放环境数据，公众可以了解环境状况，监督环境管理行为，促进环境管理的透明度和公正性。同时，环境大数据的广泛应用也可以促进环境管理的创新，推动环境治理体系的升级和改善。

（5）优化资源利用和环境规划。资源环境大数据管理可以帮助实现资源的精细化管理和优化利用。通过对环境数据的分析和建模，可以更好地了解资源的分布、供需状况和利用效率，从而指导环境规划和资源配置，实现资源的可持续利用和环境的可持续发展。

（6）支持科学研究和技术创新。资源环境大数据的积累和管理为科学研究提供了丰富的数据资源。科学家和研究人员可以利用资源环境大数据进行环境模型的构建和验证，探索环境问题的本质和解决方案。同时，资源环境大数据也可以为技术创新提供基础，推动环境监测技术、污染治理技术等领域的发展和进步。

（7）促进国际合作和共享经验。资源环境大数据的管理和共享可以促进国际间的合作与交流。不同国家和地区可以分享各自的环境数据和经验,共同应对全球环境问题。通过国际合作,可以加强环境数据的标准化和互操作性,提高全球环境治理的效果和效率。

（8）提升公众参与和环境意识。资源环境大数据的开放和透明可以促进公众的参与和环境意识的提升。公众可以通过获取和分析环境数据,了解环境问题的严重性和影响,从而更加积极地参与环境保护行动。同时,资源环境大数据的开放也可以激发创新思维和社会创业,推动环境保护产业的发展。

综上所述,资源环境大数据管理对于推动环境保护和可持续发展具有重要意义。通过科学化管理资源环境大数据,可以实现多部门间的协同合作,提高企业的环境应急能力,改善政策制定和执行效率,促进环境管理的开放和透明。这将为我们实现绿色发展、建设美丽中国提供有力支持,为后续的环境保护工作奠定坚实的基础。

目前,资源环境大数据的管理模式如图 3-8 所示。

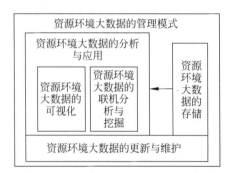

图 3-8 资源环境大数据的管理模式

2. 资源环境大数据的存储

资源环境大数据的存储在环境管理中起着至关重要的作用。环境数据仓库作为一个面向主题的、集成的、相对稳定的数据集合,承载着反映环境历史变化的数据,为环境管理者提供决策支持。而在云计算环境中,环境数据仓库采用列式存储的方式,带来了许多优势和便利。

（1）列式存储将数据以列为单位进行存储。不同的属性被分别存储在不同的列中,而不同的属性则以不同的形式进行存储。这种存储方式使得在对数据进行投射时,只需要选择所需查询的属性进行投射,避免了不必要的数据读取和处理,从而减少了系统的输入和输出损失。这对于环境数据仓库来说尤为重要,因为环境数据通常包含大量的属性,而只有少数属性是在特定的查询中需要使用的。通过列式存储,可以快速定位和检索所需的属性,提高数据查询的效率。

（2）列式存储的数据拥有相同的数据类型,相邻存储的数据之间具有较高的相似性。这种相似性使得列式存储的数据更容易进行压缩,从而获得更好的压缩率。通过压缩数据,不仅可以节省存储空间,还可以降低输入和输出的消耗。对于环境大数据来说,通常包含大量的重复信息和冗余数据,通过压缩可以有效地减少存储和传输的成本。

（3）列式存储的方式也有助于提高数据处理的并行性。由于列式存储将数据按照属性进行存储,可以更方便地进行并行处理。在云计算环境中,通过将不同的列分配给不同的计算节点,可以实现并行计算和分布式处理,提高数据处理的速度和效率。

总的来说,云计算中的环境数据仓库采用列式存储的方式,为环境管理中的决策服务提供了强大的支持。列式存储通过减少输入和输出损失、提供更好的压缩率和提高数据处理的并行性,有效地优化了环境数据仓库的存储和处理效率。在面对庞大的环境大数据时,列式存储的优势将发挥出巨大的潜力,为环境管理者提供更准确、高效的决策支持。

此外,列式存储还具有一些其他的优势。例如,它可以提供更好的数据压缩率,减少存储空间的需求。在环境大数据的场景中,数据量通常非常庞大,因此有效地压缩数据可以节省大量的存储成本。同时,列式存储还可以提供更好的数据读取性能。由于列式存储将相同类型的数据存储在一起,可以更好地利用现代计算机体系结构的特点,如向量化指令和SIMD(单指令多数据)操作,从而提高数据的读取速度。此外,列式存储还可以提供更好的数据处理灵活性。由于数据以列为单位存储,可以更方便地进行数据分析和处理,如聚合、过滤和转换操作。这些优势使列式存储成为处理环境大数据的理想选择。

然而,列式存储也存在一些挑战。首先,由于数据以列为单位存储,对于跨列的查询可能会引入较大的开销。例如,如果需要在多个列之间进行连接操作,可能需要额外的计算和数据传输。其次,由于列式存储的数据拥有相同的数据类型,对于包含多个数据类型的复杂查询可能需要进行额外的转换和处理。此外,列式存储在数据更新和删除方面可能会面临一些挑战。由于数据以列为单位存储,更新和删除操作可能需要对多个列进行操作,从而引入额外的开销。因此,在设计和实现环境数据仓库时,需要综合考虑这些挑战,并采取相应的策略来解决。

总体而言,资源环境大数据的存储是环境管理中不可或缺的一部分。通过采用列式存储的方式,可以充分利用云计算环境的优势,提高环境数据仓库的存储和处理效率。同时,列式存储还具有其他优势,如更好的数据压缩率、读取性能和处理灵活性。然而,列式存储也面临一些挑战,需要综合考虑并采取相应的策略来解决。通过充分利用列式存储的优势,并解决相应的挑战,可以为环境管理者提供更准确、高效的决策支持,促进环境保护和可持续发展。

3. 资源环境大数据的分析与应用

1)资源环境大数据的联机分析

资源环境大数据的联机分析是环境数据仓库最重要的应用之一。它不仅支持复杂的数据分析,还着重于为决策提供支持,并为用户提供更直观、易于理解的数据。在联机分析过程中,利用环境数据库中的综合数据,提出了一种基于多维度的分析模式,以便决策者对所得到的数据有较为全面的认识。在云计算环境下,基于多维分析的分布式并行计算对海量的多源异构数据进行深入研究。

多维数据是联机分析过程的显著特点,它与数据仓库中的多维数据结构形成了互补和融合的联系。数据仓库中的多维数据结构可以有效地存储和组织环境大数据,而联机分析则通过多维分析技术对这些数据进行深入挖掘和分析。多维分析技术可以从不同的角度、不同的层面对数据进行探索,帮助决策者发现数据中的潜在关联和规律。通过多维分析,决策者可以更好地理解环境数据,从而做出更准确、更有效的决策。

在云计算环境下,联机分析得到了更大的发展和应用。基于多维分析的分布式并行计算可以利用云计算的资源优势,同时处理多个维度的数据。通过将计算任务分配给多个计算节点进行并行处理,可以加快数据分析的速度和效率。而且,云计算环境下的分布式存储和计算能力可以支持处理海量的多源异构数据,使得联机分析可以更全面、更深入地挖掘数据的价值。

将在线分析处理技术与数据仓库相结合,可以更好地解决环境管理决策支持系统中的大数据处理和大规模数值计算问题。数据仓库提供了数据的存储和管理,而在线分析处理技术则提供了对数据进行多维分析和深入挖掘的能力。通过联机分析,决策者可以从数据中获取更多的信息和见解,为环境管理决策提供更有力的支持。

总的来说,资源环境大数据的联机分析是环境数据仓库的重要应用之一。通过多维分析和云计算环境下的分布式并行计算,联机分析可以帮助决策者全面理解环境数据,发现潜在的关联和规律,从而做出更准确、更有效的决策。在线分析处理技术与数据仓库的结合为环境管理决策支持系统提供了强大的能力,能够处理资源环境大数据,并进行深入的多维分析和数值计算。

2) 资源环境大数据的挖掘

资源环境大数据的挖掘是从大规模的环境数据仓库中发掘出隐藏在其中的概念、信息、模式、规律和规则等的过程。传统的联机分析技术往往只能获取数据的表面特征,很难挖掘出数据间的本质联系及数据间隐藏的信息。因此,利用云计算作为基础,通过分布式和并行的挖掘方法对海量数据进行处理和分析,可以实现对资源环境大数据的有效利用。

分布式并行数据挖掘是一种利用多台计算机作为一个数据池,由多台计算机同时进行多个并行工作的方法。通过将多台计算机分成若干个独立的子计算机进行数据采集,可以大幅提升运算速度,并为可扩展的计算集群提供优化的设计保障。这种方法可以应用于环境大数据的挖掘,通过分布式计算和并行处理,可以加快数据挖掘的速度和效率。

MapReduce 是一种面向海量数据的机器学习方法,它通过 Map(映射)和 Reduce(规约)两个阶段来定义数据的处理流程和方式。在 Map 阶段,编程人员可以定义每一组数据的处理流程,而在 Reduce 阶段,可以定义每一组数据的处理方式,并最终得到结果。将 MapReduce 引入资源环境大数据的挖掘中,可以提高数据挖掘的效率,并为大规模计算集群的可扩展性提供优化的设计保障。

通过数据挖掘技术,可以从资源环境大数据中发现潜在的关联和规律。例如,可以通过挖掘大气污染数据和气象数据的关联,分析气象条件对空气质量的影响;可以通过挖掘水质监测数据和地理数据的关联,分析地理因素对水质的影响。这些挖掘出的隐藏信息和规律对于环境管理决策具有重要的参考价值。

总之,资源环境大数据的挖掘是从大规模的环境数据仓库中发掘出隐藏信息和规律的过程。利用分布式并行数据挖掘和 MapReduce 等方法,可以提高数据挖掘的效率,并为大规模计算集群的可扩展性提供优化的设计保障。通过数据挖掘技术,可以从资源环境大数据中获取更多的信息和见解,为环境管理决策提供更有力的支持。

3) 资源环境大数据的可视化

资源环境大数据的可视化是将可视化技术应用于环境领域的数据挖掘过程,通过对大规模数据库或数据仓库中的数据进行可视化,以更直观的方式展示数据及其结构关系,帮助人们更好地理解数据、发现潜在信息,并支持环境决策和管理服务。

在环境领域,存在大量的数据,包括气象数据、水质数据、空气质量数据、土壤数据等。这些数据通常具有复杂的特征和关系,通过传统的数据表格或图表难以完全展示数据的内在联系和趋势。而可视化技术则能够将数据以图形、图像等形式呈现,使人们可以直观地观察和分析数据,从而更好地理解环境数据的含义和潜在规律。

通过资源环境大数据的可视化,可以实现以下几个方面的目标。

(1)数据探索和发现。可视化技术可以帮助人们快速浏览和理解大规模环境数据的整体情况,通过可视化图表、热力图、散点图等形式,可以直观地展示数据的分布、趋势和异常情况,帮助人们发现数据中的规律和潜在问题。

(2)决策支持和问题解决。通过将环境数据可视化,可以帮助环境决策者更好地理解数据,辅助他们做出科学决策。例如,通过可视化地展示空气质量数据和气象数据的关系,可以帮助决策者了解气象条件对空气质量的影响,并采取相应的措施来改善空气质量。

(3)公众参与和沟通。可视化技术可以将复杂的环境数据以直观的方式呈现给公众,提高公众对环境问题的认知和参与度。通过将环境数据可视化,可以帮助公众更好地理解环境问题的严重性和影响,并促使他们采取相应的行动来改善环境质量。

为了实现环境大数据的可视化,需要借助于各种数据可视化工具和技术。例如,可以使用图表库、地图库、可视化软件等工具来创建各种类型的可视化图表和地图,用于展示环境数据的分布和趋势。同时,还可以运用交互式可视化技术,使用户能够根据自己的需求和兴趣,对数据进行交互式的探索和分析。

总之,环境大数据的可视化是将可视化技术应用于环境领域的数据挖掘过程,通过直观地展示大规模环境数据的特征和关系,帮助人们更好地理解数据、发现潜在信息,并支持环境决策和管理服务。通过数据的可视化,可以提高数据的可理解性和可用性,促进环境管理的科学化和精细化。

4. 环境大数据的更新与维护

以数据更新机制和技术标准要求为依据,按照"谁生产谁负责"的原则,以"时点改变为基础,实时改变为目标"对数据进行实时更新,使得政府能第一时间掌握环境的变化和动态走向。另外,环境大数据更新应根据数据源的特征,采用批量更新、增量更新、数据同步与实时更新等多种更新方式。

(1)基础地理学和遥感图像的批量更新。在此基础上,利用"基本 GIS"的资源管理系统实现对基本 GIS 的批量更新,利用遥测平台对卫星图像进行成批的更新。

(2)环境专业数据的年度数据——增量更新。环境统计数据、普查数据、环境规划数据、环境专项数据等环境专业数据的年度更新数据,可以采用增量更新的方式更新。

(3)环境业务管理数据——数据同步。各类环境业务管理系统中的业务管理数据,包括总量数据、建设项目数据、排污申报数据、排污收费数据、排污权交易数据、环境监察执法数据等业务管理数据,可以采用定时同步更新的方式更新。

(4)环境在线监控数据——实时更新。通过在线监控系统实时更新,其更新频次高、数据一般都是格式化的,数据量小,如污染源在线监控数据、环境质量在线监控数据、核与辐射在线监控数据等进行实时更新。

定期进行数据备份和维护,确保数据的安全性和保密性。备份内容应包括空间基础数据、元数据、系统管理信息、网络管理信息等。数据库的数据应每天进行差别备份,每星期做增量备份,每月做全盘备份。备份数据应进行验核,同时在本地计算机(工作站)与服务器上对中间数据和临时数据进行备份。

3.4.2 资源环境大数据管理平台技术架构

资源环境大数据管理平台是基于"环保云"平台建设的,平台建设主要由数据规范处理、大数据存储、大数据资源管控、大数据综合展示、大数据服务、安全与运维等组成,资源环境大数据管理平台总体架构如图 3-9 所示。

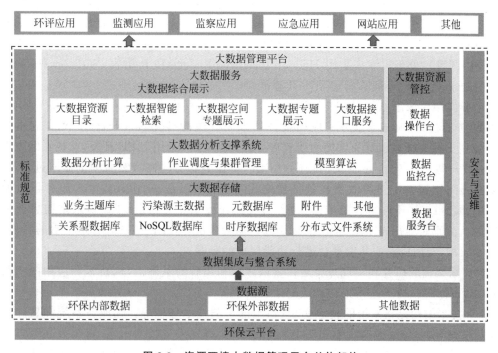

图 3-9 资源环境大数据管理平台总体架构

资源环境大数据管理平台采用分层的架构体系,包括数据源层、中间库层、采集层、存储计算层、接口层、Web 层。其中,采集层、存储计算层主要是基于 Hadoop 和 Docker(开源的应用容器引擎)的技术体系实现,Web 层主要基于 J2EE 技术体系实现。

采集层包括分布式消息队列和 ETL 工具。分布式消息队列采用 Kafka(高吞吐量的分布式发布订阅消息系统)技术与存储计算层中的 Storm 进行联合工作,用于处理环保业务中的实时数据,这些数据具有数据量大、实时性高等特点,如大气和水环境自动监测数据。ETL 工具将源数据处理到关系型数据库 DB2 中,文件数据的数据量不大,也是通过 ETL 工具进行处理的。

存储计算层采用 Docker 技术和 Hadoop 技术体系来实现,所有 Hadoop 的各个组件都是基于 Docker 容器安装的,这样有利于资源的隔离和维护。大数据的存储与计算使用围绕或以 Hadoop 衍生扩展为基础,以 Hadoop 衍生扩展而出的相关大数据技术为基础,来解决那些在传统的关系型数据库中难以处理的数据和场景,比如,面向半结构化数据的存储和计算等。在 Hadoop 开放源代码的基础上,随着技术的发展,Hadoop 的应用范围将逐渐拓展,其中,Hadoop 对结构化、半结构化、非结构化大数据进行存储;分析是当前最具代表性的一种。

平台底层利用 Docker 对系统的底层构件进行了包装与配置。Docker 是一种开放源码的程序容器引擎,允许开发人员将其程序包装成可移动的程序,并将其放到任意主流 Linux 系统上,并将其虚拟化。而这些容器则全部采用了一个沙箱的结构,彼此没有界面。

资源环境大数据管理平台关系型数据库采用 OB2,实时流处理采用 Storm(开源的分布式实时计算系统)技术,序列化工具采用 Avro(数据序列化的系统),各个组件的分布式协调采用 Zookeeper(分布式的,开放源码的分布式应用程序协调服务),分布式文件系统采用 Hadoop 的 HDFS 文件系统,时序数据仓库采用产品 KMX,NoSQL 数据库采用 Hadoop 体系中的 HBase,资源调度采用 Hadoop 组件中的 Yarn(yet another resource negotiator,另一种资源协调者),分布式计算采用 Hadoop 中的 MapReduce 和 R 语言,SQL on Hadoop 引擎采用 Impala(新型查询系统)、Hive 开源框架。

Web 应用层采用基于 J2EE(基于 Java 技术的一系列标准)的 B/S(Browser/Server,浏览器/服务器模式)模式来实现;应用服务器采用开源的 Tomcat(开源的 Web 应用服务器);应用支撑有报表工具和文档在线查看工具,报表工具采用 J2EE 开发,文档在线查看工具是通过开源工具 Aspose 将文档转换为 PDF 或者 HTML 格式,然后浏览器通过 PDF 浏览插件或浏览器自身进行查看。最上层采用 JSP(Java server pages,Java 服务器页面)、HTML、jQuery(属于网络的脚本语言)等实现页面展现与交互。J2EE 体系结构主要分为 3 个层次,分别是客户表示层、中间逻辑层和数据管理层。J2EE 体系具有跨平台的特性,支持 B/S 架构,利用成熟的开发平台进行功能层面的开发。

大数据架构的研究和实现主要是在领域分析和建模的基础上,从技术和应用两个角度来考虑,具体来说,分为技术架构和应用架构两个视角。

(1)技术架构是指系统的技术实现、系统部署和技术环境等。在业务系统和软件的设计开发过程中,一般根据部门的未来业务发展需求、研发人员技术水平、资金投入等方面来选择适合的技术,确定系统的开发语言、开发平台及数据库等,从而构建适合生态环境部门发展要求的技术架构。

(2)应用架构是从应用的视角构建的,大数据架构主要关注大数据共享和应用、基于开放平台的数据应用(API)和基于大数据的工具应用(App)。

由大数据架构的分析和应用可知,技术和应用的落地是相辅相成的。在具体架构的落地过程中,可结合具体应用需求和服务模式,构建功能模块和业务流程,并结合具体的开发框架、开发平台和开发语言,从而实现架构的落地。图 3-10 展示了一种典型的基于 Hadoop 的大数据架构实现实例。

1. 大数据技术架构

大数据技术作为信息化时代的一项新兴技术,其技术体系处在快速发展阶段,涉及数据的处理、管理、应用等多方面。具体来说,大数据技术架构是从技术视角研究和分析大数据的获取、管理、分布式处理和应用等。大数据技术架构与具体实现的技术平台和框架息息相关,不同的技术平台决定了不同的技术架构及其实现方式。一般的大数据技术架构参考模型如图 3-11 所示。

由图 3-11 可知,一般的大数据技术架构主要包含大数据获取技术、分布式数据处理技

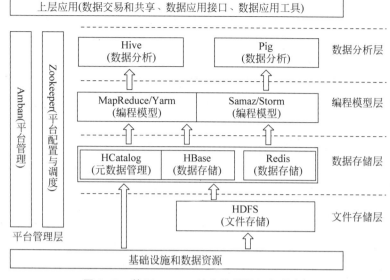

图 3-10 基于 Hadoop 的大数据框架实现实例

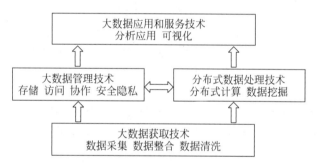

图 3-11 一般的大数据技术架构参考模型

术和大数据管理技术及大数据应用和服务技术。

1) 大数据获取技术

目前,大数据获取的研究主要集中在数据采集、整合和清洗三个方面。数据采集技术实现数据源的获取,然后通过整合和清理技术保证数据质量。数据采集技术主要是通过分布式爬取、高速高可靠性数据采集、高速全网数据映像技术,从网站上获取数据信息。

数据整合技术在数据采集和实体识别的基础上,实现数据到信息的高质量整合,需要建立多源多模态信息集成模型、异构数据智能转换模型、异构数据集成的智能模式抽取和模式匹配算法、自动的容错映射和转换模型及算法、整合信息的正确性验证方法、整合信息的可用性评估方法等。

数据清洗技术一般根据正确性条件和数据约束规则,清除不合理和错误的数据,对重要的信息进行修复,保证数据的完整性,需要建立数据正确性语义模型、关联模型和数据约束规则、数据错误模型和错误识别学习框架、针对不同错误类型的自动检测和修复算法、错误检测与修复结果的评估模型和评估方法等。

此外,大数据获取技术还需要考虑数据隐私保护和安全性。在数据采集过程中,需要采取合适的措施来保护用户的隐私信息,如数据脱敏、加密和权限管理等。同时,数据获取过程中也需要防止恶意攻击和数据泄露,采用安全的传输协议和访问控制机制。

总结起来,大数据获取技术是通过数据采集、整合和清洗来获取高质量的数据。数据采集技术利用分布式爬取和高速全网数据映像等方法从网站上获取数据信息。数据整合技术通过建立多源多模态信息集成模型和智能转换模型等,实现数据到信息的高质量整合。数据清洗技术则通过建立数据正确性语义模型和错误识别学习框架等,保证数据的完整性和正确性。此外,还需要考虑数据隐私保护和安全性,以确保数据获取过程的安全和可靠性。

2) 分布式数据处理技术

分布式数据处理技术是随着分布式系统的发展而兴起的一种计算模式。它的核心思想是将任务分解成许多小的部分,并分配给多台计算机进行并行处理,以达到节约整体计算时间和提高计算效率的目的。目前,主流的分布式计算系统有 Hadoop、Spark 和 Storm。

Hadoop 是一个常用于离线复杂大数据处理的分布式计算系统。它基于 Hadoop 分布式文件系统和 MapReduce 计算模型,能够高效地处理大规模数据集。Hadoop 的设计理念是将数据切分成多个块,并将这些块分布存储在多台计算机上,然后通过 MapReduce 任务将数据并行处理。Hadoop 的优势在于其可靠性和可扩展性,适用于处理大规模数据集。

Spark 是另一个常用于离线快速大数据处理的分布式计算系统。与 Hadoop 相比,Spark 具有更高的计算速度和更强的内存计算能力。Spark 的核心是弹性分布式数据集(resilient distributed datasets,RDD),它能够将数据集分布在集群的多个节点上,并在内存中进行高效的并行计算。Spark 还提供了丰富的 API 和库,支持复杂的数据处理和分析任务。

Storm 是一种常用于在线实时大数据处理的分布式计算系统。它可以处理流式数据,并提供可靠的消息传递机制。Storm 的设计目标是实时性和可伸缩性,能够处理高速数据流并提供实时的计算结果。Storm 的应用场景包括实时数据分析、实时监控和实时推荐等。

大数据是指从大量的、不完整的、含有噪声的数据中提取出来的有价值的信息或知识。当前,大数据挖掘技术是一个新兴的研究领域,国内外学者从多个角度入手,如网络挖掘、特殊群组挖掘和图挖掘等,着重在面向对象的数据连接、相似连接和可视化分析等方面取得了重要进展。预测性分析是大数据挖掘技术中的一种重要方法。它通过对大数据的分析和建模,预测未来的趋势和结果。预测性分析可以应用于各个领域,如金融、医疗和市场营销等,帮助决策者做出更准确的决策。语义引擎是另一种大数据融合技术。它通过对大数据的语义分析和理解,将数据进行结构化和语义化处理,以便更好地支持数据的查询和分析。语义引擎可以帮助用户更快地找到所需的信息,并提供更高质量的搜索结果。

此外,大数据挖掘技术还包括用户兴趣分析、网络行为分析和情感语义分析等。用户兴趣分析可以通过对用户行为和偏好的分析,推荐个性化的产品和服务。网络行为分析可以通过对网络数据的分析,发现潜在的网络安全威胁和异常行为。情感语义分析可以通过对文本数据的情感和语义的分析,了解用户对产品、服务和事件的态度和情感。

总之,分布式数据处理技术是处理大数据的重要手段之一。通过将任务分解并分配给多台计算机进行并行处理,可以提高计算效率和节约计算时间。同时,大数据挖掘技术也在不断发展,通过对大数据的分析和挖掘,可以提取出有价值的信息和知识,帮助决策者做出更准确的决策。

3) 大数据管理技术

大数据管理技术是指为了有效地存储、协作、保护数据安全和隐私而开发的技术。在当前的研究中，大容量存储技术是一个重要的方向，主要集中在三个方面：①利用 MPP（massively parallel processing）框架下的列存储、粗粒度索引等多种大数据处理技术，以及高效的分布式计算方式，构建基于 MPP 框架的数据库簇，以支持海量数据的存储。MPP 框架的优势在于能够将计算任务分解为多个并行的子任务，并在分布式环境中高效地执行。通过这种方式，大数据可以被分散存储在多个节点上，提高了数据的存储能力和处理速度。②以 Hadoop 为基础，开发相应的大数据技术，以解决一些数据及应用中难以解决的问题，并通过扩展和封装 Hadoop 来实现对大数据存储和分析的支持。Hadoop 是一个开源的分布式计算框架，具有容错性和可扩展性的特点。通过在 Hadoop 上开发各种大数据技术，可以更好地处理和管理大规模数据集，提供高效的数据存储和分析能力。③基于集成的服务器、存储设备、操作系统和数据库管理系统，实现具有良好稳定性和扩展性的大数据一体机。这种一体机的设计将不同的硬件和软件组件整合在一起，提供高性能的大数据处理能力。通过采用一体机的方式，可以简化大数据管理系统的架构和部署过程，提高系统的稳定性和可扩展性。

除了存储、协作和安全性，多数据中心的协同管理技术也是大数据研究的重要方向之一。通过分布式工作流引擎实现工作流调度和负载均衡，整合多个数据中心的存储和计算资源，为构建大数据服务平台提供支持。这种协同管理技术可以使多个数据中心之间实现高效的数据共享和协作，提高数据处理的效率和准确性。

总之，大数据管理技术在存储、协作、安全与隐私等方面面临着挑战，但也有不断发展的解决方案。通过不断研究和创新，我们可以更好地管理和利用大数据，为各行业带来更多的价值和机会。

4) 大数据应用和服务技术

大数据应用和服务技术在现代社会中发挥着重要的作用。它主要包含分析应用技术和可视化技术，这两个方面共同助力于对海量数据进行深入的分析和理解。

大数据分析应用技术是面向业务的分析应用，它以业务需求为驱动，通过分布式海量数据分析和挖掘来满足不同类型的业务需求。这种技术能够为用户提供高可用、高易用的数据分析服务。在大数据分析应用技术中，专题数据分析是一种常见的方法，它针对特定的业务需求展开数据分析，为用户提供有针对性的结果和洞察。另外，可视化技术通过交互式视觉表现的方式帮助人们探索和理解复杂的数据。大数据可视化技术包括多种形式，如文字可视化、网络（图）可视化、时空可视化、多维可视化和互动可视化。这些技术能够将抽象的数据转化为直观的图形或图表，使人们能够更加直观地理解数据的关系和趋势。

在技术方面，大数据应用和服务技术关注以下几个重要的方面。首先，原位交互分析，即在数据存储的位置进行实时的交互式分析。这种技术能够减少数据传输和处理的开销，提高数据分析的效率。其次，数据表示，即如何将复杂的数据结构转化为可视化的形式。这需要考虑如何选择适当的图形和图表，以及如何呈现数据之间的关系。另外，不确定性量化也是一个重要的技术挑战。由于大数据的不确定性，如何准确地表示和传达不确定性信息是一个关键问题。最后，面向领域的可视化工具库是为特定领域的数据分析提供定制化的可视化工具和功能。这种工具库能够满足不同领域的需求，提供更加专业和高效的数据分析服务。

综上所述,大数据应用和服务技术在分析应用和可视化方面发挥着重要的作用。它们通过分析海量数据和利用交互式可视化技术,帮助用户深入理解数据,并为不同领域的业务需求提供高效、可靠的数据分析服务。随着技术的不断发展,大数据应用和服务技术将在各个领域中发挥更大的作用,为人们带来更多的价值和机遇。

2. 大数据应用架构

大数据应用是其价值的最终体现,当前大数据应用主要集中在业务创新、决策预测和服务能力提升等方面。从大数据应用的具体过程来看,基于数据的业务系统方案优化、实施执行、运行维护和创新应用是当前的热点与重点。

大数据应用架构对主流的环境大数据应用系统和模式所具有的功能进行了描述,并对这些功能之间的关系进行了说明。其中,大数据应用的内容主要包括大数据共享和应用、基于开放平台的数据应用和基于大数据的工具应用,以及为支撑相关应用所必需的数据仓库、数据分析和挖掘、大数据可视化技术等。应用视角下的大数据参考架构如图 3-12 所示。

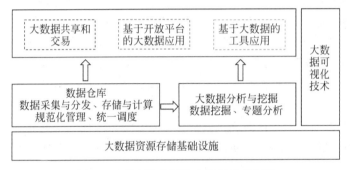

图 3-12　应用视角下的大数据参考架构

大数据应用架构以大数据资源存储基础设施、数据仓库、大数据分析与挖掘等为基础,结合大数据可视化技术,实现大数据共享和交易、基于开放平台的大数据应用和基于大数据的工具应用。

大数据共享和应用让数据资源能够流通和变现,实现大数据的基础价值。大数据共享和应用是在大数据采集、存储管理的基础上,通过直接的大数据共享和服务、基于数据仓库的大数据共享和服务、基于数据分析挖掘的大数据共享和服务三种方式实现的。

基于开放平台的大数据应用以大数据服务接口为载体,使数据服务的获取更加便捷,主要为应用开发者提供特定数据应用服务,包括应用接入、数据发布、数据定制等。数据开发者在数据源采集的基础上,基于数据仓库和数据分析挖掘,获得各个层次应用的数据结果。

大数据工具应用主要集中在智慧决策、精准执法、业务创新等产品工具方面,是大数据价值体现的重要方面。依据具体的应用需要,用户可以结合相关产品和工具的研发,对外提供相应的服务。

综上所述,大数据应用架构是实现大数据应用目标的关键。它通过整合数据存储基础设施、数据仓库、大数据分析与挖掘技术和大数据可视化技术,实现数据的共享和应用。大数据应用架构的优化和创新将进一步推动大数据应用的发展和应用场景的拓展。在未来,随着技术的不断进步和数据的不断增长,大数据应用架构将发挥更加重要的作用,为企业和组织带来更多的商业价值和竞争优势。

本 章 小 结

大数据在数据规模、数据类型、数据价值、数据处理速度方面具有显著特征,首先是 Google 和 Hadoop 分别提出了大数据管理框架,能满足持续增长的超大规模数据所需的高效能存储需求。同时,为应对经典数据的数据量日益增长对 GIS 性能提出的需求,对现有经典空间数据技术的功能和算法进行了分布式重构,大幅提升处理与计算性能,这其中主要包括经典空间数据分布式存储、分布式处理分析、分布式可视化的全过程。

经典空间数据的分布式存储可以采用 Postgres-XLHDFS、MongoDB 和 HBase 等分布式存储系统,并实现空间扩展,使其具备存储和管理大规模经典空间数据的能力。这些分布式存储系统各具特点,可以根据不同的应用场景进行选择。Postgres-XL 能够提供完整 SQL 查询能力;HDFS 对数据更新支持较弱,但可以结合 Spark 分布式计算实现最佳性能HBase 则较为平衡,既具备一定的 SQL 查询和数据更新能力,又具备良好的分布式计算性能。

经典空间数据的分布式处理与分析采用 Spark 分布式计算框架,对传统的空间处理与分析算法进行了重构,使其能够满足分布式计算的要求和环境,并且能够充分利用分布式计算技术,实现空间数据处理与分析在性能上的数量级提升。

经典空间数据的分布式可视化利用分布技术重构传统地图瓦片的生成,甚至地图数据的渲染,实现分布式切图技术和分布式渲染技术,大幅提升了经典空间数据的可视化性能。

参 考 文 献

[1] 刘锐,刘俊,谢涛,等.互联网时代的环境大数据[M]. 北京:电子工业出版社,2016.
[2] 钟耳顺,宋关福,汤国安,等. 大数据地理信息系统原理、技术与应用[M]. 北京:清华大学出版社,2020.
[3] 魏斌,郝千婷.生态环境大数据应用[M]. 北京:中国环境出版集团,2018.
[4] 汪先锋.生态环境大数据[M]. 北京:中国环境出版集团,2019.

 拓展阅读

[1] 吴信才.时空大数据与云平台[M].北京:科学出版社,2022.
[2] 汤光旭.生态大数据管理与多学科应用[M].北京:科学出版社,2022.
[3] 骆剑承.遥感大数据智能计算[M].北京:科学出版社,2020.

习题与思考

1. MapReduce 具有什么特点及应用前景?
2. 如何选择出最适合的数据存储和计算方案?
3. 资源环境大数据管理的意义是什么?
4. 一般的大数据技术架构主要包含哪些部分?

第4章

资源环境大数据智能分析

学习目标

　　了解人工智能的基本概念及发展历史；熟悉人工智能在资源环境大数据中的应用；掌握深度学习的基本框架模型。

章节内容

　　对人工智能的基本概念、发展概况及理论基础进行初步了解，熟悉人工智能领域的资源环境大数据相关分析技术，对深度学习的基本思想、典型框架及当前的主流模型做深入学习。

4.1　资源环境大数据智能分析概述

　　大数据智能是指利用自然语言处理、信息检索、机器学习等技术从客观存在的全量超大规模、多源异构、实时变化的微观数据中提取知识，并将其转化为决策智慧的方法和过程。通过对大数据的分析和挖掘，可以发现隐藏在数据中的模式、趋势和关联，从而为决策提供有价值的信息和洞察。大数据智能在各个领域都有广泛的应用，如金融、医疗、交通等，可以帮助企业和组织做出更明智的决策，提高效率和竞争力。

　　大数据智能的关键技术主要包括大数据、人工智能和自然语言处理。大数据是大数据智能的基础，而人工智能是其核心组成部分。自然语言处理与大数据和人工智能一起，在实现大数据智能方面发挥着至关重要的作用。这些技术共同决定了通过大数据分析和利用可以实现的智能化水平。

　　与传统的数据分析技术相比，确实对大数据进行分析的技术要求更高。传统的数据分析中主要关注的是结构化数据，如关系型数据库中的表格数据，而大数据分析则需要处理非结构化数据、多结构化数据及由机器生成的数据。大数据分析需要支持对不同类型的数据进行分析，包括关系型数据、非关系型数据及多结构化数据。这意味着分析技术需要具备处理不同数据格式和结构的能力,能够将这些数据进行重组,形成新的复杂结构数据,并进行分析。此外,大数据分析需要支持处理 PB 级以上的大数据量。传统的数据分析技术可能无法有效处理如此大规模的数据,而大数据分析技术能够应对这种挑战,并具备足够的分析能力。

大数据分析也从传统的联机分析处理和报表向数据发现转变。传统的数据分析主要关注已知问题的解答,而大数据分析更注重从数据中发现新的见解和趋势。这需要引入路径分析、时间序列分析、图分析、What-if 分析等复杂统计分析模型,帮助发现数据中的模式和趋势。另外,大数据环境下还需要增加数据挖掘功能,实现趋势分析和预测。通过数据挖掘技术,可以从大数据中提取有价值的信息,并进行趋势分析和预测,帮助企业做出更准确的决策。

综上所述,大数据分析技术相对于传统的数据分析技术,具备更高的技术要求。它不仅能够处理不同类型和大规模的数据,还能够从数据中发现新的见解和趋势,并支持数据挖掘功能,实现趋势分析和预测。这使得大数据分析成了现代企业在面对海量数据时的重要工具,为企业决策提供了更深入的洞察力。

4.1.1 大数据智能分析的基本概念

1. 大数据

大数据(big data)是当前研究的热点,不同的学者和机构对大数据的定义存在差异。目前,一些公司如麦肯锡、维基百科、IBM 公司、高德纳(Gartner)和国际数据中心(NIST)等提出了较为权威的定义。多个 IDC(国际数据公司)及美国国家标准技术研究院等权威机构针对大数据的特征,如数据体量大、数据类型繁多、价值密度低及速度快等进行了不同的阐述。

大数据主要指的是数据量非常巨大,在大数据领域的研究中,一个重要的问题是如何从海量的数据中挖掘出尽可能多的有用和有价值的信息。对于不断产生的数据,处理的时效性是非常重要的,同时需要考虑对流式数据的实时处理能力。为有效处理大数据,需要采用适当的技术和工具。例如,分布式计算和存储技术可以帮助并行处理大规模数据集。同时,机器学习和数据挖掘算法可以应用于大数据分析,从中提取有用的模式和知识。此外,流式数据处理技术可以实时处理数据流,以满足时效性要求。在大数据领域,研究人员和工程师们致力于开发更高效、可扩展和实时处理的方法和工具,以应对不断增长的数据量和需求。

2. 人工智能

人工智能是用于研究及开发模拟,从而拓展人类智能的理论、方法、技术与应用的现代科学。人工智能技术于 20 世纪 50 年代引入,经过三次技术浪潮,在许多相关技术领域取得了一系列突破。各行各业对人工智能技术有不同的理解,对人工智能的定义、发展动机和表现形式有着不同的解释和阐述[1]。

人工智能技术囊括众多领域的理论和知识,不仅包括线性代数、统计学、凸优化、微积分和其他数学理论,还包括计算机领域的相关知识。这些理论和知识可以引导计算机和机器人以类似的方式解决问题。机器学习是人工智能的基础,是许多基础和重要数学技术的总称。机器学习可以学习计算机并不断改进任务,从而达到智能化的目的。目前,人工智能领域研究较多的深度学习也属于机器学习的一个子集。

人工智能的概念内涵主要包含以下五个维度。

（1）定义：可以根据研究内容和应用进行分类。前者可分为类人行为（模拟行为结果）、类人思维（模拟大脑技术）和泛智能（不再局限于类人）；后者主要包括专有人工智能、通用人工智能和超级人工智能。

（2）驱动因素：数据/计算、算法/技术、应用场景和业务模型驱动因素。

（3）智能存储模式：技术存储模式，如单机智能、多核智能、群体智能等。

（4）表达方式：包括云、端、云集成。

（5）与人的关系：包括人主导关系、机器主导关系和人机一体化关系。

目前，人们不再满足于研究专有人工智能。随着应用场景和互联网技术群体（数据/算法/计算）的推广和进步，迫切需要通用人工智能。同时，人工智能正在进化，以更好地解决更复杂的问题，逐渐进入"泛智能"阶段，这不再局限于模拟人类行为结果和大脑手术。然而，"模拟人"仍然是人工智能的关键因素，也是设计各种智能算法和系统的主导因素。人们本身不仅是提供数据、反馈数据和使用数据的参与者，也是智能服务的受益者。

3. 自然语言处理

自然语言处理（natural language processing，NLP）是大数据智能的三大关键技术之一。其主要技术涉及数据稀疏性和平滑性。NLP 处理工具包括 OpenNLP 和 FudanNLP。NLP 主要应用于机器翻译、信息提取、文本情感分析、自动问答和个性化推荐等领域。

4.1.2 大数据智能分析的基本理论

机器学习（machine learning，ML）是一个使用计算机资源从现有数据中学习并改进和提高系统性能的过程。它是一门具有神经科学、信息论、最优化、统计学等理论的交叉学科，为语言处理、图像理解、数据分析、数据挖掘等领域提供了重要的理论支持[2]。

机器学习起源于 20 世纪 50 年代初。在 20 世纪六七十年代，机器学习方法得到了初步发展，如使用符号学的逻辑或图形结构、强化学习方法等。随着第一届机器学习研讨会（IWML）和顶尖期刊 *Artificial Intelligence* 的出版，机器学习在 20 世纪七八十年代发展成为一门独立的学科。

Edward Albert Feigenbaum 等人将机器学习分为机械学习、引导学习、归纳学习和模拟学习。其中，归纳学习通过几种训练模式归纳出一般规律和概念，并逐渐成为该领域最广泛的分支。根据算法反馈的不同，归纳学习进一步分为监督学习、半监督学习和无监督学习。归纳学习的主流算法可以分为符号学学习、统计学习和基于神经网络的连接主义学习。符号学学习的代表是决策树，一种基于树结构的自上而下的预测模型。叶节点表示预测结果，内部节点表示特定属性测试。基于各种属性分割方法，将其进一步发展为 ID3、C4.5、CART 等。

20 世纪 90 年代，统计学习成为机器学习的焦点，主要是支持向量机，对小数据集有很好的处理效果，泛化能力强。统计学习的核心问题是找到一个超平面，最大化间隔，并引入核函数来进一步解决线性不可分割问题。1983 年，约翰·霍普菲尔德等人通过神经网络解决了 NP 问题——旅行推销员问题（travelling salesman problem，TSP），并恢复了基于连接主义的神经网络研究。随后，Rumelhart 等人提出了神经网络的反向传播，对神经网络的发展产生了重要影响。然而,连接神经网络存在明显的缺点:①神经网络模型没有明确的概念,不利于知识获取;②模型中包含的大量参数必须手动调整,缺少一定的理论基础[3]。

在机器学习等相关领域,反向传播算法及深度学习已日渐成为研究热点。通过深度学习神经网络来识别数据的特征,可以对高维数据中的复杂信息进行建模。深度网络模型具有很强的特征学习能力,但较少的训练模式会降低模型的训练效率,并陷入过度适应的风险。近年来,随着数据收集的快速发展,将有可能为深度学习网络提供大量的训练模式,从而大幅减少过度适应的风险。此外,计算和存储设备的快速发展也为处理训练模式和求解深度网络模型的参数提供了有力支持。数据量的持续增长和可用计算能力的提高为深度学习的兴起奠定了基础,并进一步推动了深度学习的发展[4]。

4.1.3　大数据智能技术的发展概况

自 20 世纪 50 年代诞生以来,人工智能已经走过了半个多世纪,大数据智能技术的发展可以概括为以下六个主要时期。

1. 诞生时期

20 世纪 50 年代,“人工智能之父”艾伦·马西森·图灵提出了著名的图灵测试。在机器与人分离的情况下,如果某些设备(如电传设备)用于对话,而人无法识别机器的身份,则称机器具有人类智能。同年,艾伦·马西森·图灵预言智能机器可以被创造出来。1954 年,乔治·德沃尔开发了第一个可编程机器人 Unimate。

2. 黄金时期

1968 年,斯坦福国际研究所开发的第一个人工智能机器人 Shakey 诞生了。麻省理工学院的约瑟夫·韦岑鲍姆(Joseph Weizenbaum)于 1966 年开发了第一个聊天机器人 ELIZA,可以理解简单的语言并与人互动。1968 年,斯坦福研究所的道格拉斯·恩格尔巴特发明了计算机鼠标,并提出了超文本链接的概念,这为现代互联网奠定了基础。

3. 低谷时期

20 世纪 70 年代初,人工智能的发展进入了一个深度阶段。受限于计算机的发展、内存的限制和处理速度的缓慢,人工智能技术无法用于解决实际问题。20 世纪 70 年代,由于没有庞大的数据库,研究人员不知道该程序如何达到儿童的认知水平。因此,相关资助机构(如英国政府、美国国防高级研究计划局和美国国家科学委员会)已逐步停止对人工智能技术的研究。

4. 繁荣时期

日本经济产业省于 1981 年拨款用于人工智能计算机的研发,随后美国增加了对信息技术的研究投入。1984 年,来自美国的道格拉斯·莱纳特教授率先启动了 Cyc 项目,已认识到应用程序的工作原理与人类思维相似。1986 年,美国发明家查尔斯·赫尔发明了世界上第一台 3D 打印机。

5. 寒冬时期

20 世纪 80 年代,研究人员对专家系统进行了大量研究和跟踪。然而,由于应用限制,美国国防高级研究计划局在 20 世纪 80 年代末减少了对相关研究的资助,人工智能进入了寒冬时期。

6. 快速发展期

1997 年,IBM 的深蓝计算机系统击败了国际象棋世界冠军加里·卡斯帕罗夫,成为第一个在标准比赛期限内击败世界冠军的系统。2011 年,IBM 开发的人工智能项目沃森在智能问答项目中击败了两位人类冠军。2012 年,由加拿大神经科学团队创建的虚拟大脑 Spaun 通过了基本智商测试。该虚拟大脑由 250 万个具有简单认知能力的模拟"神经元"组成。2013 年,为探索深度学习,为用户提供智能产品体验,Facebook 创建了一个人工智能实验室。为推广深度学习计算平台,谷歌公司收购了语音和图像识别公司 DNN Research。2015 年,谷歌推出了深度学习计算平台 TensorFlow,它可以通过训练大量数据帮助计算机完成各种任务。同年,人工智能研究所在英国剑桥大学成立。

4.2　资源环境大数据智能分析基础

4.2.1　资源环境大数据挖掘

数据挖掘是数据库中知识发现过程的一个步骤,它涉及使用算法从大量数据中搜索隐藏信息。数据挖掘也称为数据库中的知识发现(KDD),是指从大量不完整、嘈杂、模糊甚至随机的现实世界应用数据中提取隐藏的、潜在有用的信息和知识的过程,这些数据以前是人们未知的。可以通过数据挖掘发现的知识类型包括模型、模式、规则和约束。数据挖掘利用了各种技术,主要是统计和机器学习,以及数据仓库、数据库和可视化。统计学在数据收集、分析、解释和识别方面发挥着重要作用。数据挖掘主要关注计算机如何基于数据进行学习。在数据库和数据仓库方面,数据挖掘是指利用可扩展数据库技术在大型数据集上实现效率和可扩展性的能力。信息检索是指用于在文档中搜索信息的技术,文档可以是结构化文本数据或非结构化多媒体数据,并且可以驻留在网络上。可视化是可视化显示数据的一种重要方法。数据挖掘是一种通过分析数据,挖掘那些不能凭直觉发现的、具有价值的信息的过程。它利用各种算法和技术,从大量的数据中提取出隐藏的模式、关联和趋势,以帮助人们做出更准确的决策、预测未来的趋势、优化业务流程等。通过数据挖掘,可以发现新的见解和知识,从而提供更深入的理解和更好的决策支持。

数据挖掘是指通过算法搜索隐藏在大量数据中的信息的过程。它通常与计算机科学相关,并利用统计、在线分析处理、情报检索、机器学习、专家系统和模式识别等方法来实现这一目标。数据挖掘的目的是从大型数据库中自动发现有用的信息和知识。数据挖掘技术可以用来探索大型数据库,发现先前未知但有用的模式。它的主要方法包括分类(classification)、估计(estimation)、预测(prediction)、关联分析(association analysis)、聚类分析(clustering analysis),以及针对复杂数据类型的挖掘,如文本、网络、图形图像、视频、音频等。总的来说,数据挖掘是一种通过算法和技术从大量数据中提取有用信息和知识的过程。它在各个领域中都有广泛的应用,包括商业、医疗、金融、社交媒体等。

1. 分类任务

分类任务是一种常见的机器学习任务,旨在将输入对象映射到预定义的目标类别中。

在分类任务中,我们使用训练集中已经标记好类别的数据来学习一个分类模型,然后使用该模型对未分类的数据进行分类。分类任务的一般流程包括以下几个步骤。

(1) 数据收集。数据收集是从现有的数据集中选择已经标记好类别的训练集数据,这些数据包含了输入对象的属性和对应的类别标签。

(2) 特征提取。特征提取是从原始数据中提取有用的特征,这些特征可以帮助区分不同的类别。常见的特征包括数值、文本、图像等。

(3) 模型训练。模型训练是使用训练集数据来训练分类模型。根据不同的算法,可以使用决策树、朴素贝叶斯、神经网络、支持向量机等方法进行模型训练。

(4) 模型评估。模型评估是使用测试集数据来评估已训练好的分类模型的性能。可以使用准确率、精确率、召回率、F1值等指标来评估模型的分类准确度。

(5) 模型应用。模型应用是使用已训练好的分类模型对新的未分类数据进行分类预测。将输入对象的属性输入模型中,模型会根据学习到的规律将其映射到预定义的类别中。

分类任务在许多领域都有广泛的应用,如垃圾邮件过滤、图像识别、情感分析、医学诊断等。通过学习和应用分类模型,可以自动化地对未知数据进行分类,从而提高工作效率和准确性。

(1) 决策树分类法(decision tree)。决策树是一种基于树状结构的分类模型。它通过对属性的逐步划分,将数据集划分为不同的类别。决策树的每个内部节点表示一个属性,每个叶子节点表示一个类别。决策树的构建过程基于信息增益或基尼指数等准则来选择最佳的属性进行划分。

(2) 贝叶斯分类(naive Bayes,NB)。贝叶斯分类是基于贝叶斯定理的分类方法。它假设属性之间相互独立,并通过计算后验概率来确定最可能的类别。贝叶斯分类法需要先根据训练数据计算出类别的先验概率和各个属性的条件概率,然后利用这些概率进行分类。

(3) 基于规则的分类法(rule-based classifier)。基于规则的分类法通过一系列的规则来进行分类。每个规则由一个或多个属性条件和一个类别标签组成。分类时,将数据逐个与规则进行匹配,根据匹配结果确定最终的类别。规则可以通过人工构建或通过数据挖掘算法自动学习得到。

(4) 最近邻分类法(k-nearest neighbor,kNN)。最近邻分类法通过计算待分类样本与训练样本之间的距离来确定最近的 k 个邻居,然后根据这些邻居的类别进行投票决定待分类样本的类别。kNN 算法中的距离度量可以是欧氏距离、曼哈顿距离等。

(5) 人工神经网络(artificial neural network,ANN)。人工神经网络是由多个节点(神经元)和连接它们的权重组成的网络结构。ANN 通过学习训练数据中的模式和规律来建立分类模型。它具有较强的非线性拟合能力,可以处理复杂的分类问题。

(6) 支持向量机(support vector machines,SVM)。支持向量机通过寻找一个最优的超平面来进行分类。它将数据映射到高维空间中,通过在高维空间中找到能够最好地分离不同类别的超平面来进行分类。SVM 可以处理线性和非线性分类问题,并具有较强的泛化能力。

2. 关联分析

关联分析是一种数据挖掘技术,用于发现数据集中项集之间的关联和相关联系。它可以帮助我们理解事物之间的相互作用和依赖关系,从而洞察数据中隐藏的规律和模式。关联分析的目标是找出在数据集中频繁出现的项集或规则。频繁项集是指在数据集中同时出现的项的集合,而关联规则则是描述项集之间的关联性的条件语句。关联分析可以回答类似于"如果出现 A,那么很可能也会出现 B"的问题。Apriori 算法和 FP-growth 算法是两种常用的关联分析算法。Apriori 算法是一种基于候选集的生成和剪枝的方法,它通过迭代的方式逐步生成频繁项集。FP-growth 算法则是一种基于前缀树(FP 树)的高效算法,它通过构建 FP 树来快速发现频繁项集。这些算法在关联分析中起着重要的作用,它们可以帮助我们发现数据中的关联规律,从而为决策和预测提供有价值的信息。

(1) Apriori 算法是一种用于挖掘关联规则的经典算法,它通过逐层搜索的方式来发现频繁项集。Apriori 算法的核心思想是利用频繁项集的性质来减少搜索空间。它从频繁 1 项集开始,然后逐层生成候选项集,并通过扫描数据集计算每个候选项集的支持度。如果候选项集的支持度满足预设的最小支持度阈值,那么它就被认为是频繁项集。然后,基于频繁项集,再生成下一层的候选项集,重复上述过程,直到无法生成更多的频繁项集为止。Apriori 算法的关键在于利用频繁项集的性质,即一个频繁项集的任意子集也必须是频繁项集。这个性质被称为 Apriori 性质,它可以帮助减少候选项集的数量,从而提高算法的效率。通过 Apriori 算法,我们可以找到频繁项集,然后基于频繁项集生成关联规则。关联规则是由频繁项集中的项组成的条件语句,可以描述项集之间的关联关系。通过关联规则,我们可以了解项集之间的关联性,从而做出有关数据的决策和预测。

(2) FP-growth 算法是一种用于发现频繁模式的关联规则挖掘算法,它通过构建 FP 树(frequent pattern tree)来提高算法的效率。FP-growth 算法通过两次扫描事务数据库来构建 FP 树。在第一次扫描中,它统计每个项的支持度,并按照支持度降序压缩存储到 FP 树中。在第二次扫描中,它根据压缩后的 FP 树,通过递归调用 FP-growth 算法来直接产生频繁模式。FP 树是一种基于前缀树的数据结构,它将频繁项集按照它们在事务数据库中的出现顺序进行存储。通过构建 FP 树,FP-growth 算法可以高效地发现频繁项集,而不需要生成候选模式。在发现频繁模式的过程中,FP-growth 算法只需要在 FP 树中进行查找,而不需要再次扫描事务数据库,从而提高了算法的效率。相较于 Apriori 算法,FP-growth 算法具有更好的性能。由于 FP-growth 算法不需要生成候选模式,且只需要两次扫描事务数据库,它在处理大规模数据集时表现出更高的效率。因此,FP-growth 算法成为关联规则挖掘中的一种重要算法。

3. 聚类分析

聚类分析是一种将物理或抽象对象的集合分组为由类似对象组成的多个类的分析过程。它是一种常见的数据分析方法,用于发现数据中的内在结构和模式。聚类分析的目标是通过衡量对象之间的相似性,将它们划分为不同的簇或类别。相似的对象被分配到同一个簇中,而不相似的对象则被分配到不同的簇中。聚类分析可以帮助我们理解数据集中的群组结构、发现隐藏的关联关系及进行数据的分类和归纳。在聚类分析中,有许多不同的技术和方法被用于描述数据的相似性和进行聚类。这些方法可以基于距离度量、密度、层次结构等原理来进行聚类。常见的聚类算法包括 K 均值聚类、层次聚类、密度聚类等。这些方法可以应用于各种领域,如数学、计算机科学、统计学、生物学和经济学等,以满足不同领域的需求。

从统计学的观点来看,聚类分析是一种对数据进行建模和简化的方法。聚类分析旨在将数据集中的观测值划分为具有相似特征的组或簇。传统的统计聚类分析方法包括系统聚类法、分解法、加入法、动态聚类法、有序样品聚类、有重叠聚类和模糊聚类等。这些方法根据不同的算法和原理,将数据集中的样本进行分组,并根据相似性或距离度量来确定组内和组间的差异。在实际应用中,许多统计分析软件包(如 SPSS、SAS 等)已经集成了使用 k-均值、k-中心点等算法的聚类分析工具。这些工具可以帮助研究人员对数据进行聚类分析,并提供结果的可视化和解释。聚类分析在统计学中被广泛应用于数据挖掘、模式识别、市场分割、生物信息学等领域。通过聚类分析,研究人员可以发现数据中的潜在模式和结构,从而提取有用的信息和洞察。

从机器学习的角度来看,簇可以被视为隐藏的模式。聚类是一种无监督学习过程,旨在通过搜索数据中的簇来发现数据的内在结构。与分类不同,聚类不需要预先定义的类别或带有类别标签的训练实例。聚类算法通过对数据进行分析和计算,自动确定数据的簇标记。这意味着聚类学习是一种无监督学习方法,它不依赖于外部的类别信息,而是通过数据本身的相似性和距离度量来进行分组。聚类是一种观察式学习,它不需要示例式的学习,即没有明确的训练实例或目标函数。相反,聚类算法通过对数据的统计特性和模式进行分析,自动发现数据中的簇结构。聚类在机器学习中具有广泛的应用,包括图像分割、推荐系统、文本挖掘、异常检测等。通过聚类分析,我们可以发现数据中的隐藏模式和结构,为进一步的数据分析和决策提供有用的信息。

(1) 系统聚类法(hierarchical cluster method)是目前国内外应用最广泛的一种聚类方法之一。这种方法首先将聚类的样本或变量看作单独的群集,然后根据类与类之间的相似性统计量选择最接近的两个类或多个类进行合并,形成一个新的类。接着计算新类与其他类之间的相似性统计量,再选择最接近的两个或多个群集合并成一个新类,直到最终将所有的样本或变量合并成一个类为止。系统聚类法在实际应用中具有广泛的应用,特别是在生物学、社会科学、市场分析等领域。通过系统聚类分析,可以将相似的样本或变量归为一类,从而揭示数据集中的内在结构和模式。

常用的系统聚类法在以距离为相似统计量时,确定新类与其他各类之间距离的方法有以下几种:①最短距离法(single linkage),选择两个类中距离最近的样本之间的距离作为新类与其他类之间的距离;②最长距离法(complete linkage),选择两个类中距离最远的样本之间的距离作为新类与其他类之间的距离;③中间距离法(average linkage),计算两个类中所有样本之间的距离的平均值作为新类与其他类之间的距离;④重心法(centroid method),计算两个类的重心(样本的平均值)之间的距离作为新类与其他类之间的距离;⑤群平均法(ward's method),基于方差分析的思想,计算将两个类合并后的离差平方和的增加量作为新类与其他类之间的距离。

这些方法在确定新类与其他类之间的距离时,采用不同的策略和计算方式,从而影响聚类结果。在实际应用中,根据数据的特点和分析目的,选择合适的系统聚类方法非常重要。同时,欧氏距离也是一种常用的距离度量方法,用于衡量样本之间的相似性或距离。

(2) 动态聚类法(dynamical clustering method)也被称为逐步聚类法,是一种用于大样本聚类的方法。它首先进行粗略的预分类,然后逐步调整,直到得到比较合理的类别划分。相比于系统聚类法,动态聚类法具有计算量较小、占用计算机存储单元少、方法简单等优点,因此更适用于大样本的聚类分析。动态聚类法的聚类过程可以用框图来描述,框图的每个部分都有多种方法可供选择。将这些方法按照框图进行组合,就可以得到各种不同的动态聚类方法。

(3) 模糊聚类分析(fuzzy cluster analysis)是一种使用模糊数学语言对事物进行描述和分类的数学方法。它通过构建模糊矩阵来描述研究对象的属性,并根据一定的隶属度确定聚类关系。模糊聚类分析使用模糊数学的方法来定量地确定样本之间的模糊关系,从而实现客观且准确的聚类。聚类分析的目标是将数据集划分为多个类或簇,使各个类之间的数据差异尽可能大,而类内的数据差异尽可能小。这可以通过"最小化类间相似性,最大化类内相似性"的原则来实现。模糊聚类分析可以在不同程度上将样本归属于不同的类别,允许样本具有模糊的归属度,从而更好地处理数据的不确定性和模糊性。

(4) k-均值(k-means)算法是一种典型的基于原型的目标函数聚类方法。它以数据点到聚类中心的距离作为优化的目标函数,并利用函数求极值的方法来进行迭代运算和调整规则。k-means算法使用欧式距离作为相似度度量,并通过求解某一初始聚类中心向量的最优分类来使评价指标 J 最小化。算法的目标是将数据点分配到 k 个聚类中心,使得每个数据点与其所属聚类中心之间的距离最小化。k-means算法使用误差平方和准则函数作为聚类准则函数,即最小化数据点与其所属聚类中心之间的距离的平方和。通过迭代的方式,不断调整聚类中心的位置,直到达到最小化准则函数的目标。总结起来,k-means算法是一种以欧式距离为相似度度量的聚类方法,通过最小化误差平方和准则函数来进行迭代优化,实现数据点的分类和聚类。

(5) k-中心点算法(k-medoids)是一种基于代表对象的聚类算法。它的基本过程如下:首先为每个簇随机选择一个代表对象。将剩余的对象根据其与每个代表对象的距离(可以是曼哈顿距离等,不一定是欧氏距离)分配给与其距离最近的代表对象所代表的簇。反复使用非代表对象来替换代表对象,以优化聚类质量。聚类质量通过一个代价函数来表示。当一个中心点被某个非中心点替代时,除了未被替换的中心点外,其余的点被重新分配到簇中。相比于 k-均值算法,k-中心点算法不采用簇中对象的平均值作为簇中心,而是选择簇中离平均值最近的对象作为簇的中心。这样可以减少对孤立点的敏感性。总结起来,k-中心点算法是一种基于代表对象的聚类算法,通过迭代替换代表对象来优化聚类质量,选取簇中离平均值最近的对象作为簇中心,从而减少对孤立点的影响。

4. 复杂数据类型挖掘

复杂数据类型挖掘是指对复杂数据对象进行多维分析和描述性挖掘的过程。它涵盖多个领域,包括空间数据库挖掘、多媒体数据库挖掘、时序数据和序列数据挖掘、文本数据库挖掘及 Web 挖掘。空间数据库挖掘主要处理具有空间属性的数据,如地理信息系统中的地理数据。它的目标是发现空间数据中的模式、关联和异常。多媒体数据库挖掘涉及对多媒体数据(如图像、音频和视频)进行挖掘和分析,它的任务包括图像识别、音频分类、视频内容分析等。时序数据和序列数据挖掘关注的是具有时间顺序的数据,如时间序列数据或序列数据,它的目标是发现数据中的趋势、周期性、关联规则等。文本数据库挖掘是指对大规模文本数据进行挖掘和分析,如文档集合、新闻文章等,它的任务包括文本分类、情感分析、主题提取等。Web 挖掘是指对互联网上的数据进行挖掘和分析,如网页内容、链接关系等,它的任务包括网页分类、网页推荐、网络社区发现等。

(1) 多媒体数据库挖掘是将数据挖掘技术和多媒体信息处理技术相结合,用于在多媒体数据库中进行知识发现的过程。它的目标是从大量的多媒体数据集中,通过综合分析视听特性和语义,发现隐含的、有效的、有价值的、可理解的模式,以及推断事件的趋向和关联,为用户提供有价值的信息和决策支持能力。随着社交媒体的快速发展,多媒体数据库存储了海量的图片、视频、音频等多媒体文件的信息。通过对这些多媒体数据进行挖掘,可以获得有价值的信息和知识。例如,可以通过图像识别和分类技术对图片进行分析,识别出其中的物体、场景或情感;通过音频处理技术对音频文件进行分析,提取出其中的声音特征或语义信息;通过视频内容分析技术对视频进行分析,识别出其中的动作、物体或事件。多媒体数据库挖掘的应用领域广泛,包括社交媒体分析、媒体内容管理、广告推荐、安全监控等。通过挖掘多媒体数据库中的信息,可以为用户提供个性化的推荐、精准的广告定向、智能的安全监控等服务。总结起来,多媒体数据库挖掘是将数据挖掘技术和多媒体信息处理技术相结合,用于在多媒体数据库中发现有价值的模式和知识的过程。它可以从海量的多媒体数据中提取有用的信息,为用户提供有价值的信息和决策支持能力。

(2) 文本数据库挖掘是从大量无结构的文本数据中挖掘或提取出有用的信息和知识的半自动化处理过程。与数据挖掘类似,文本挖掘的目标也是发现有价值的模式,但其输入是一堆未经整理的文本文件,如 Word、PDF、XML 等。根据一项由美林公司和高德纳公司联合进行的调查显示,85%的企业数据以无序的方式收集和存储,而且这些杂乱无序的数据每18 个月就会翻倍增长。知识源于数据和信息,如果企业能够高效有效地挖掘文本数据背后的资源,就能够做出更好的决策。文本数据库挖掘的过程包括文本预处理、特征提取、模式挖掘和模型评估等步骤。在文本预处理阶段,会对文本进行清洗、分词、去除停用词等操作;在特征提取阶段,会从文本中提取出有用的特征,如词频、文档向量等;在模式挖掘阶段,会使用各种机器学习和自然语言处理技术,如聚类、分类、情感分析等,来发现文本中的模式和关联;最后,在模型评估阶段,会对挖掘结果进行评估和验证。文本数据库挖掘的应用领域广泛,包括舆情分析、情感分析、文本分类、信息检索等。通过挖掘文本数据库中的信息,可以帮助企业做出更好的决策,发现市场趋势,了解用户需求,改进产品和服务。总的来说,文本数据库挖掘是从大量无结构的文本数据中挖掘有用信息和知识的半自动化处理过程。通过有效地挖掘文本数据,企业可以获得更好的决策能力和竞争优势。

(3) Web 挖掘是一种应用数据挖掘技术在 Web 上的技术,通过分析与互联网相关的资源和行为,从中提取出有用的模式和隐含信息。它涉及多个领域,包括 Web 技术、数据挖掘、计算机语言学和信息学等。Web 挖掘的目标是从 Web 的超链接、网页内容和使用日志中发现有用的信息。根据不同的挖掘任务,Web 挖掘可以分为三种主要类型:Web 结构挖掘、Web 内容挖掘和 Web 使用挖掘。Web 结构挖掘主要是从表征 Web 结构的超链接中寻找有用的知识。例如,通过分析网页之间的链接关系,可以找到重要的网页或发现具有共同兴趣的用户社区。Web 内容挖掘是指对 Web 页面内容及后台交易数据库进行挖掘,从中获取有用的知识。例如,根据网页的主题,可以自动进行聚类和分类,也可以抽取网页中的商品描述、论坛回帖等信息,这些信息可以用于进一步分析和挖掘用户的态度和行为。Web 使用挖掘则是从记录每位用户单击情况的使用日志中挖掘用户的访问模式。例如,对单击流数据进行预处理,以便用于挖掘用户的兴趣和行为模式,从而提供更合适的信息。综合来说,Web 挖掘是一项综合技术,通过应用数据挖掘技术,从 Web 资源和行为中提取有用的信息和知识,以便更好地理解和利用互联网。

4.2.2 资源环境挖掘的典型思想

在现实生活中,通常需要使用特征来表示一个对象,并解决与该对象相关的其他问题。在文本分类中,单词句子或向量空间可以作为文本属性。基于该特征,进一步应用各种分类算法来处理文本。图像分类包括用于表示图像特征的像素集、尺度可变特征变换等。为解决实际问题,函数的选择对结果有很大的影响。然而,手动特征选择是一种启发式方法,不仅耗时,而且在很大程度上取决于经验和运气。深度学习是一种具有自动学习功能的学习模式[5]。

为更好地理解深度神经网络,深度学习研究人员通常关注模型如何工作及如何提高模型的准确性。现有的一些工作主要关注神经元在视觉网络中提取的财产及其之间的关系。这有助于了解模型学习了什么,以及内部工作机制是什么。其他可视化工作侧重于整个培训过程和培训过程中的信息,这有利于设计和培训更好的模型。

1. 深度学习可视化

考虑使用哪些可视化方法,潜在的分类可以是基于网格的方法和基于网络的方法。考虑可视化的应用目标,其他可能的分类包括神经元可视化、层可视化、连接可视化等。根据可视化的目的,深度学习可视化工作通常分为特征可视化、关系可视化和过程可视化,如图 4-1 所示。

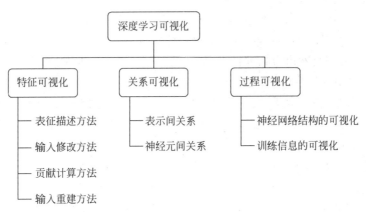

图 4-1　深度学习可视化

(1)特征可视化用于处理从视觉神经元学习到的内容。特征可视化可以进一步分为显示描述、改变输入、计算贡献和输入重建。

(2)关系可视化主要关注学习特征间的关系和神经元间的关系。投影和聚类技术是常见的可视化技术,如散点图和基于 DAG 的可视化。

(3)过程可视化主要包括神经网络结构的可视化和训练信息的可视化。过程可视化关注整个深度学习模型的工作流。

在深度学习领域,各种机器学习技术和架构可以大致分为无监督学习(或生成学习)和有监督学习。然而,这种分类过于笼统,没有考虑到特定神经网络的不同结构,因此不适用于可视化应用。如果你想应用可视化技术,需要仔细考虑网络的结构,因为不同的结构会导致巨大的差异。通常,神经网络在结构上可分为深度神经网络(DNN)、卷积神经网络

(CNN)、递归神经网络(RNN)和深度置信网络(DBN)。其中,CNN 和 RNN 是最常用的两种架构,因此许多可视化工作主要集中于这两种架构[6]。

2. 模式识别

模式识别(pattern recognition)是一种处理和分析各种形式信息(包括数值、文字和逻辑关系)的过程,用于描述、辨认、分类和解释事物或现象。它是信息科学和人工智能的重要组成部分,广泛应用于图像分析与处理、语音识别、声音分类、通信、计算机辅助诊断、数据挖掘等学科领域。在图像分析与处理中,模式识别可以用于检测和识别图像中的特定对象或模式,如人脸识别、指纹识别等。它可以通过提取图像的特征并与预先训练好的模型进行比对,从而实现对图像中物体或特征的识别和分类。在语音识别领域,模式识别可以将声音信号转化为文字或命令,用于语音助手、语音控制等应用。它通过分析声音信号的频谱、时域特征等来识别和理解语音信息。在计算机辅助诊断中,模式识别可以通过对医学图像或信号的处理和分析,帮助医生进行疾病的诊断和判断。例如,通过对 X 光图像的分析来识别肿瘤或骨折。在数据挖掘中,模式识别可以用于发现数据中的规律和模式,从而帮助做出预测和决策。它可以通过对大量数据的分析和比对,发现其中的关联性和趋势。模式识别是一种对各种形式信息进行处理和分析的过程,广泛应用于图像分析与处理、语音识别、计算机辅助诊断、数据挖掘等学科领域,为实现对事物或现象的描述、辨认、分类和解释提供了重要的方法和技术支持。

模式识别是人类的一项基本智能,我们在日常生活中经常进行模式识别。随着计算机的出现和人工智能的兴起,人们开始尝试用计算机来进行模式识别,以替代或扩展人类的脑力劳动。这使模式识别逐渐发展成为一门新的学科。

根据问题的性质和解决问题的方法,模式识别可以分为有监督分类和无监督分类。有监督分类需要提供大量已知类别的样本来训练模型,然后使用该模型对新的样本进行分类。而无监督分类则不需要预先知道样本的类别,它通过分析数据的内在结构和相似性来进行分类。在实际问题中,获取大量已知类别的样本可能存在困难,因此研究无监督分类方法变得十分重要。无监督分类可以帮助我们发现数据中的潜在模式和结构,从而对数据进行更深入的理解和分析。模式识别是一门涉及人类基本智能的学科,它在计算机和人工智能领域有着广泛的应用。有监督分类和无监督分类为我们提供了不同的解决问题的途径,使模式识别能够更好地应用于实际场景中。

(1)无监督分类是指在分类过程中没有先验知识的情况下,仅根据数据的自然聚类特性进行分类。它的目标是将样本划分为不同的类别,但不能给出每个类别的具体描述或属性。因此,在无监督分类中,类别的属性通常需要通过目视判读或实地调查来确定。无监督分类方法主要包括统计聚类、模糊聚类、神经网络聚类等。这些方法通过分析数据的内在相似性,寻找数据中的模式和结构,将相似的样本归为同一类别。这种分类方法对于探索数据的潜在特征和发现隐藏模式非常有用,可以帮助我们更好地理解和分析数据。无监督分类是一种在没有先验知识的情况下,通过分析数据的聚类特性来进行分类的方法。它在数据挖掘、模式识别和机器学习等领域中具有重要的应用价值。

(2)有监督分类是一种基于统计识别函数的分类技术,它依赖已知训练样本来建立分类模型。在有监督分类中,我们通过选择特征参数,求解特征参数的决策规则,建立判别函数来对待分类的样本进行分类。有监督分类的过程可以简单概括为以下几个步骤:①收集训练样本,首先需要收集具有代表性和典型性的训练样本,这些样本应该包含各个待分类类别的特征。②特征选择和提取,在有监督分类中,需要选择适当的特征参数来描述样本的特征。这些特征参数应该能够有效地区分不同类别的样本。③建立判别函数,通过训练样本,求解特征参数的决策规则,建立判别函数。这个判别函数可以将待分类的样本映射到不同的类别。④分类和评估,使用建立的判别函数对待分类的样本进行分类。分类的准确性可以通过与真实类别进行比较来评估,如果分类精度不满足要求,可能需要重新调整特征选择或建立新的判别函数。有监督分类在模式识别、图像分类、机器学习等领域中得到广泛应用。通过利用已知的训练样本,有监督分类可以帮助我们对未知样本进行准确的分类和预测。

有监督分类是一种基于给定模式和目标值的映射关系进行训练的分类方法。在有监督分类中,我们假设存在一个映射函数,可以将输入的模式映射到对应的目标值。通过使用训练集中的输入模式和对应的目标值,我们可以逼近这个映射函数,从而实现对新的未知模式的分类。有监督分类方法包括但不限于统计判决、神经网络分类和支持向量机分类等。统计判决方法基于统计学原理,通过计算输入模式与不同类别之间的距离或相似度来进行分类。神经网络分类方法利用人工神经网络的结构和学习算法,通过训练网络的权重和偏置来实现模式的分类。支持向量机分类方法通过在高维空间中构建一个最优超平面来实现模式的分类。这些有监督分类方法在不同的应用领域中都有广泛的应用。它们可以帮助我们对数据进行分类、预测和识别,从而实现各种任务,如图像分类、文本分类、语音识别等。通过使用有监督分类方法,我们可以从已知的训练样本中学习到模式的特征和规律,并将这些知识应用于未知模式的分类和预测。

4.2.3 资源环境深度学习的基本框架

随着基于深度学习应用的快速发展,各类深度学习框架已经逐渐浮现,如 TensorFlow、Caffe、Theano、Torch/PyTorch、Keras、MXNet、PaddlePaddle 等,以使编码和应用深度学习相关方法更加方便。

1. TensorFlow

TensorFlow 由谷歌大脑团队开发和维护。TensorFlow 是一个相对高级的机器学习或第三方深度学习库,为普通用户设计神经网络提供了极大的便利。用户不必考虑像 C++ 或 CUDA 这样的低级实现。TensorFlow 的核心代码是用 C++ 实现的。C++ 程序大幅简化了在线部署过程,还可以在移动设备(如手机)上运行大型深度网络。除了 C++ 接口,TensorFlow 还包括官方语言 Python、Jave 和 Go,以及非官方的 R 语言 Julia 和 Nodejs。TensorFlow 是通过 SWIG(simplified wrapper and interface generator)为这些高级编程语言实现的。SWIG 目前可以支持 C 或 C++ 程序的接口,因此未来也可以通过 SWIG 添加其他高级脚本语言的接口。在 Python 等高级脚本语言中,存在严重影响执行效率的问题。这意味着必须将每个批处理发送到深度学习模型中,这可能会有很大的延迟。因此,用户可以使用 Python 和 C++ 进行开发。在开发期间使用 Python 进行快速调试,并使用 C++ 进行部署以减少延迟和计算资源消耗。

TensorFlow 有一个集成的 TensorBoard 可视化工具,可以可视化输出日志文件信息,以便于理解和进一步优化程序。TensorBoard 界面栏包含多个监控指示器,如 EVENTS、IMAGES、GRAPH 和 HISTOGRAMME:EVENTS 列可以显示训练过程中每个标量的变化曲线;IMAGES 列可以显示所使用的图像数据,通常用于视觉训练或测试图像;GRAPH 列可以显示网络结构;HISTOGRAMME 列可以显示训练期间的参数分布。

2. Caffe

在 TensorFlow 创建之前,Caffe 是一个广泛使用的开源深度学习框架,是深度学习领域最受欢迎的 GitHub 明星项目。Caffe 框架的创始人贾扬青也是 TensorFlow 的开发者之一。学生时代,贾扬青曾在一些知名公司实习,如 MSRA、NEC 和 Google Brain。2016 年,他离开谷歌,到 Facebook FAIR 实验室工作。Caffe 框架主要包括以下优点。

(1) 易于使用,用户可以使用配置文件(＊.prototxt)来定义深度学习模型,而无须传递太多代码。

(2) 它训练速度快,可以训练性能良好的大型深度网络。

(3) Caffe 框架将组件转换为具有良好迁移能力的独立模块。

除此之外,Caffe 的模型库(Model Zoo)中已经包含了非常多的训练好的模型权重,如 AlexNet、VGGNet、ResNet 等。在使用 Caffe 将模型训练完毕后,用户可以把权重文件制作成接口,方便 Python 或 Matlab 等高阶语言的调用。但是,Caffe 框架也有其不足,在配置文件中设计网络结构有一定的限制,不如 TensorFlow 或 Keras 等框架方便。Caffe 的配置文件无法通过编写程序来调整超参数,也没有像 Python 第三方库 Scikit-learn 的 estimator 工具来进行网格搜索的操作。Caffe 在 GPU 上有良好的训练能力,同时也能支持通过第三方框架(如 Spark)实现 Caffe 的分布式训练。

3. Theano

2008 年,蒙特利尔大学的 Lisa 实验室团队建立了一个强大的符号计算和深度学习库——Theano 框架。由于该框架出现较早,它一度被该领域的许多专家和科学家视为深入学习的重要标准。Theano 的核心模块是一个数学表达式编辑器,其功能是计算大型深度学习模型。

Theano 支持用户定义、优化和评估包含多维数组的表达式,并支持将计算转移到 GPU。与 Scikit-learn 一样,Theano 也可以与 NumPy 兼容,并且框架对 GPU 的透明性也允许用户设计详细的学习模型,而无须直接编写 CUDA 代码。

4. Torch/PyTorch

PyTorch 是 Facebook 人工智能研究团队的开源 Python 库。它专门设计用于编程可以通过 GPU 加速的大型神经网络。作为一个可以计算多维复杂矩阵数据的经典张量(Tensor)库,Torch 在机器学习和一些数学密集型场景中有非常广泛的应用。然而,由于 Torch 计划使用 Lua,它的国内受众非常少,逐渐失去了大量 TensorFlow 用户。PyTorch 作为 Torch 机器学习库的一个端口,为 Python 用户提供了出色的编码能力。PyTorch 的明显优势主要包括以下几个方面。

(1) 动态计算图。大多数使用计算图表的深度学习框架在运行之前生成并分析图表。相反,PyTorch 在反向模式下使用自动微分来创建程序执行期间的计算图。PyTorch 的动态图模式不仅易于调试,还允许可变长度的输入和输出,这对于处理自然语言中的文本和语言特别有用。

（2）后端精简。针对 CPU 的张量后端为 TH 库,而针对 GPU 的张量后端为 THC 库。类似地,针对 CPU 和 GPU 的神经网络后端分别是 THNN 库和 THCUNN 库。单独后端的使用使得在资源受限的系统上部署 PyTorch 变得更容易,如嵌入式应用程序中使用的系统。

（3）Python 优先。虽然 PyTorch 是 Torch 的派生版本,但它是由开发人员专门设计的一个单独的 Python 库。PyTorch 代码可以与 Python 内置函数和其他第三方 Python 库完美兼容。

（4）命令的编程风格。由于对程序状态的直接更改会触发计算,因此代码执行不会延迟,并且生成简单的代码,从而避免了可能干扰代码执行模式的大量异步执行。在处理数据结构时,这种风格不仅直观,而且易于调试。

（5）高度可扩展。用户可以使用 C/C++进行编程,只需使用为 CPU 编译的扩展 API,或使用 CUDA 操作。这一特性有助于将 PyTorch 扩展到新的实验目的中,这使 PyTorch 对研究人员非常有吸引力。

5. Keras

Keras 使用 Python 语言设计网络结构。该框架是一个高度模块化的深度学习库,可以封装在 TensorFlow 和 Theano 上。Keras 可以大幅简化实现科研想法的过程,让用户更容易快速、高效地进行原型实验。

在一般计算中,Theano 和 TensorFlow 具有明显的优势,但 Keras 更擅长深度学习。Theano 和 TensorFlow 在深度学习方面类似于 NumPy Library,而 Keras 更像 Scikit-learn。Keras 提供了一个非常简单的 API。用户只能通过连接一些内置的高级模块(如构建块)来设计深度神经网络模型。这种开发模型简化了其他人阅读代码时的编码开销和认知开销。Keras 可以支持循环神经网络和折叠神经网络,支持级联网络或图结构模型。同时,在 CPU 和 GPU 之间切换不需要任何代码更改。由于 Keras 是 Theano 或 TensorFlow 的另一个封装,因此 Keras 在模型训练期间不会造成任何性能损失,但大幅简化了复杂的代码编写过程,节省了开发时间。Keras 在更复杂的模型设计中具有更大的优势,尤其是在严重依赖多任务、多模型和权重分布的网络中。

6. MXNet

MXNet 是一个由 DMLC(distributed machine learning community)开发的开源深度学习框架,可移植且灵活。MXNet 中可以使用符号编程模式和直接编程模式,以最大化用户设计效率并增加开发灵活性。

与其他框架相比,MXNet 是第一个支持多 GPU 和分布式训练的框架,并且 MXNet 在分布式训练方面也具有良好的性能。动态的依赖调度器是 MXNet 的核心部分,可以使用多个 GPU 或分布式集群自动并行化计算任务,用于在其顶层优化算术图的算法可以非常快速地执行符号计算。当镜像模式启动时,内存使用量减少,并且可以训练由于视频内存不足而无法在其他框架下训练的网络。该框架还可以在移动设备(Android、iOS)上执行图像识别任务。此外,支持多编程语言封装(如 C++、Python RMATLABGO、Julia JavaScript 和 Scala)也是 MXNet 框架的一大优势。

7. PaddlePaddle

2013 年，PaddlePaddle 平台的前身由百度自主研发成功，该平台自创立以来一直都在百度内部使用。当前全球几大科技公司的深度学习开源框架都表现出了各自的技术特点，因百度在搜索引擎、机器翻译、用户推荐、图像识别等领域都有业务和技术需求，PaddlePaddle 的功能也较为齐全，在许多任务中都有着不俗的表现。

4.2.4 资源环境深度学习的主流模型

1. 预测模型

预测模型是用于预测事物；间数量关系的数学描述。它可以帮助我们揭示事物之间的内在规律，并基于这些规律进行预测。预测模型在预测过程中起着关键的作用，它是计算预测值的基础。预测模型可以采用不同的数学语言或公式来描述事物之间的数量关系。不同的预测方法会使用特定的预测模型。常见的预测方法包括回归分析、时间序列分析、人工神经网络、机器学习等。每种方法都有其特定的预测模型，适用于不同的预测问题和数据类型。在选择预测方法和模型时，需要考虑数据的性质、预测的目标和准确度要求等因素。不同的预测模型有不同的优势和限制，选择合适的模型可以提高预测的准确性和可靠性。

预测分析的目标是通过建立预测模型来揭示输入数据与目标变量之间的关系，并用这个模型来预测未来的结果。监督式学习是一种常用的预测建模技术，它依赖于已知的输入数据和对应的期望输出来进行模型的训练。在监督式学习中，预测模型会根据给定的输入数据和期望输出之间的映射关系进行训练，不断调整模型的参数，直到模型能够准确地预测出给定输入数据的期望输出。常见的监督式学习算法包括反向神经网络、支持向量机和决策树等。非监督式学习则不依赖于已知的目标输出，而是通过分析输入数据的内在结构和模式来进行预测。在非监督式学习中，预测模型只接收输入数据，然后通过聚类、关联规则挖掘等技术来确定不同输入数据记录之间的关联。非监督式学习常用于数据探索和发现隐藏模式等任务。预测模型是通过学习输入数据与目标变量之间的关系，从而能够预测未来结果的数学函数。预测分析可以使用监督式学习和非监督式学习等方法来构建预测模型，以实现对未来事件的预测。

在大数据时代，随着数据的指数级增长，数据的采集、存储和处理变得更加重要和复杂。大数据平台可以帮助高效地完成海量数据的采集和处理。通过大数据平台，非结构化数据如日志、传感器流和语言文本等可以被转换为结构化数据，便于输入预测模型进行处理和分析。大数据平台能够处理多样化的数据类型和格式，提供高效的数据存储和处理能力，为预测分析提供了更好的基础。在进行预测模型训练之前，对数据进行预处理也非常重要。预处理包括数据清洗、特征选择、特征变换等步骤，以提高数据的质量和可预测性。通过对数据进行分类、聚类、归一化等操作，可以使模型更好地学习数据之间的关系，提高预测的准确性。同时，数据的质量对预测模型的质量有直接影响。如果数据存在噪声、缺失值或错误，那么训练出来的模型可能会产生偏差或误差。因此，数据的准确性、完整性和一致性等方面的质量控制非常重要。大数据平台的发展和应用使得海量数据的采集、存储和处理变得更加高效和可行。同时，对数据进行预处理和质量控制也是预测分析中不可或缺的环节，可以提高预测模型的准确性和可靠性。

模型训练的目的是从数据中学习模式和规律,以便进行预测和洞察。不同的预测建模技术可以转化大数据为有用的信息和价值。决策树、支持向量机、神经网络、聚类、逻辑回归模型、关联规则等都是常见的预测建模技术,它们通过学习大量历史数据中的模式和关联来构建预测模型。这些技术可以根据数据的特征和问题的需求选择合适的模型进行训练。在模型训练完成后,需要对模型进行验证和评估,以确保其有效性和准确性。通常会将一部分数据保留作为验证集,用于评估模型的性能。通过比较预测结果与实际结果,可以计算出模型的真阳性率(TP)和真阴性率(TN),这些指标可以用来评估模型的准确性和可靠性。模型训练是通过学习历史数据中的模式和规律来构建预测模型。验证和评估模型的性能是确保模型有效性和准确性的重要步骤。只有具备较高的真阳性率和真阴性率的预测模型才能被认为是合格的。

PMML(predictive model markup language)是一种用于描述和传输预测模型的标记语言。它的设计目的是使预测模型在不同系统和平台之间能够轻松迁移和共享。通过使用PMML,可以将预测模型从一个应用程序(如 SAS、SPSS、R 等)转换为一个 PMML 文件,该文件包含了模型的描述和参数信息。然后,该 PMML 文件可以被导入其他支持 PMML 的系统中,以便在不同的环境中部署和使用该模型。PMML 提供了一种通用的格式,可以描述各种类型的预测模型,包括决策树、神经网络、逻辑回归等。这使得不同的预测建模工具和平台能够使用统一的格式来表示和交换预测模型,从而实现模型的平台无关性和可移植性。使用 PMML 可以简化预测模型的部署和迁移过程,减少了重复建模的工作量,并促进了预测模型在不同系统之间的共享和合作。

2. 深度置信网络

深度置信网络(deep belief networks,DBN)是一种产生式的概率模型,它的基本结构是一个多层的神经网络,如图 4-2 所示。

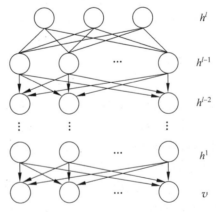

图 4-2　深度置信网络图模型

深度置信网络最上面一层网络是无向图模型,即限制玻尔兹曼机模型,其余各层是自上而下的有向连接图模型。基于这种网络结构,Geoffrey Hinton 等人提出了一种用于深度置信网络训练的逐层训练方法,即使用无人值守算法逐层训练几个受限的玻尔兹曼机。前一个受限玻尔兹曼机的隐藏层节点输出的激活值被用作下一个受限的玻尔兹曼机训练的输入数据。最后,这些有限的玻尔兹曼机被层层堆叠,形成一个深度信任网络。

限制玻尔兹曼机是一种基于能量模型(energy-based model)的概率模型。能量模型对模型参数空间中的每个可能的参数取值都有一个用标量表示的能量与之相对应,能量函数是从模型参数空间到能量间的映射函数,模型的训练过程是通过参数的调整使能量函数更好地表达数据的特征。在基于能量模型的方法中,较为理想的参数优化结果通常可以使能量函数具有较低的能量值。

限制玻尔兹曼机是玻尔兹曼机模型的一种特殊形式。玻尔兹曼机的概率图模型由两层网络结构构成,即可视层(visible layer)和隐藏层(hidden layer),其中 v 和 h 分别代表可视层节点和隐藏层节点,网络中的每个节点之间都有连接,这些连接表达了节点之间的关联关系。玻尔兹曼机的能量函数为

$$E(\boldsymbol{v},\boldsymbol{h}) = -\boldsymbol{b}^{\mathrm{T}}\boldsymbol{v} - \boldsymbol{c}^{\mathrm{T}}\boldsymbol{h} - \boldsymbol{h}^{\mathrm{T}}\boldsymbol{W}\boldsymbol{v} - \boldsymbol{v}^{\mathrm{T}}\boldsymbol{U}\boldsymbol{v} - \boldsymbol{h}^{\mathrm{T}}\boldsymbol{V}\boldsymbol{h}$$

式中:b 和 c 分别为可视层和隐藏层的偏置项;W、U 和 V 分别为每个节点对之间的连接权值。利用采样方法估计数据分布期望和模型分布期望,这两个期望的差值就是玻尔兹曼机参数更新的梯度值,然而玻尔兹曼机节点间全连接的结构使得采样过程非常困难,虽然有近似采样方法,但整个过程依然非常慢。与之相比,限制玻尔兹曼机的参数推导过程则相对容易得多,由于隐藏层中的节点与图像中的每个像素相连接,而每一层的节点之间互相没有连接,这种结构使得吉布斯采样方法能够很方便地应用在模型参数推导中。

限制玻尔兹曼机与玻尔兹曼机都是包含两层节点的无向图模型(可视层和隐藏层)。不同层间的节点互相连接,相同层间的节点不存在连接,这种特殊结构使得我们能够方便地对隐藏层和可视层条件概率进行因式分解,不同层节点的连接由一个权值矩阵 W 表示。限制玻尔兹曼机的能量函数表示为

$$E(\boldsymbol{v},\boldsymbol{h}) = -\boldsymbol{h}^{\mathrm{T}}\boldsymbol{W}\boldsymbol{v} - \boldsymbol{a}^{\mathrm{T}}\boldsymbol{v} - \boldsymbol{b}^{\mathrm{T}}\boldsymbol{h}$$
$$= -\sum_{i,j} v_i w_{ij} h_j - \sum_i a_i v_i - \sum_j b_j h_j$$

式中:h 为隐藏层的状态向量;v 为可视层的状态向量;h_j 和 v_i 分别为第 j 个隐藏层节点及第 i 个可视层节点的状态;b_j 和 a_i 分别为隐藏层偏置项 b 中的第 j 个元素及可视层偏置项 a 中第 i 个元素;w 为权值矩阵 W 中连接两个节点的权值。隐藏层节点 h 的激活函数为

$$P(h_j = 1 \mid v) = \sigma\left(b_j + \sum_i v_i w_{ij}\right)$$

$\sigma(x)$ 称为激活函数,其形式为 Sigmoid 函数,其定义为

$$\sigma(x) = \frac{1}{1 + \mathrm{e}^{-x}}$$

Sigmoid 函数是神经网络中常用的激活函数之一,其值域为 $(0,1)$。

限制玻尔兹曼机的参数推导与求解通常利用梯度下降法、共轭梯度下降法,计算目标函数的梯度并采用循环迭代的方式实现参数逼近。通常利用吉布斯采样方法计算目标函数梯度,通过隐藏层与可视层之间的状态转移来估计模型分布。首先,将可视层节点的激活值随机初始化,获得隐藏层节点的激活值;然后,固定这些隐藏层节点激活值,计算可视层节点激活值;重复这个转移过程足够次数后,所得到的可视层节点和隐藏层节点激活值就是基于模型分布的采样数据。

然而,这种基于吉布斯采样的方法仍然十分缓慢,是因为每个采样数据都需要经过足够次数的状态转移才能保证采样到的数据样本符合模型分布,且需要采样足够多的样本数据

才能保证模型估计结果的精确。这些原因使基于吉布斯采样的限制玻尔兹曼机训练过程仍然非常复杂,因此虽然理论上比计算配分函数的方法效率高得多,但在实际的训练中仍然无法获得很好的应用。

为了解决吉布斯扫描效率低的问题,Geoffrey Hinton 提出了一种称为对比度发散(contrastive divergence,CD)的近似扫描算法。对比度发散算法的基本原理是,在吉布斯扫描开始时,将训练样本数据用作视觉层节点的初始值,以代替随机初始化,从而可以仅通过几个状态转换来近似估计模型的真实分布。Geoffrey Hinton 等人表明,只有状态转换(CD-1)才能使用对比度发散算法获得更好的估计结果。

3. 卷积神经网络

卷积神经网络(CNN)是一种用于格状数据(如图像、时间序列数据等)的神经网络,提出使用折叠运算代替矩阵乘法。基于局部感受野、权值共享以及时空降采样的设计方法,卷积神经网络对平移、缩放、变形和其他变化具有很强的鲁棒性,并已广泛应用于图像和其他领域。

常用的激活函数为修正线性单元,定义为

$$f(x) = \begin{cases} 0, & x < 0 \\ x, & \text{其他} \end{cases}$$

经典的 LeNet-5 网络用于识别手写罗马数字。LeNet-5 网络的输入层是大小为 32×32 的图像,最后一层是输出层,用于输出识别结果,倒数第二层为全连接层,用 F 表示。余下 5 层由卷积层和池化层交替组成,其中 C 表示卷积层;S 表示池化层;i 表示层的序号。

卷积神经网络主要由卷积层和池化层两类特征层构成,下面将分别进行介绍。

(1) 卷积层。卷积是一种线性运算,它的定义为

$$s(t) = (x * w)(t) = \int x(a)w(t-a)\mathrm{d}a$$

式中:$x(t)$,$w(t)$ 为实数域 $\mathbf{R}$ 上的可积函数。卷积的离散形式为

$$s(k) = (x * w)(k) = \sum_{a=-\infty}^{\infty} x(k)w(k-a)$$

卷积运算可以实现稀疏连接和权值共享,并且可以处理不同大小的输入图像。

卷积神经网络是多层感知机的一种变种网络。全连接层利用矩阵乘法操作建模输入输出关系,输出层的每个神经元均与上一层的所有神经元相连,即密集连接。输出神经元 S 与所有的输入神经元均有连接关系。然而,卷积层稀疏地相互连接,每个神经元只连接到上层的局部神经元。假设卷积层的卷积核尺寸为 3,则 S 仅与上一层的 3 个输入神经元相连。稀疏连接的方式可以实现局部感受野的学习,有助于图像中的局部基本特征(如边缘、角点等)的提取,这些底层特征可以进一步由后续卷积层抽象为稳定的高层特征。

与全连接层权值矩阵的每个值仅在计算输出时使用一次不同,卷积层应用了权值共享,即卷积核中的每一个权值在上一层的每个神经元(除边界位置)都会计算一次。权值共享方式可以保证卷积层对于图像不同的区域应用相同的特征提取操作。因此,稀疏连接与权值共享大幅减少了卷积神经网络的参数量,降低了训练难度。

(2) 池化层。对于目标识别来说,相应特征的位置与识别结果相关性较低,基于这个原理,卷积神经网络引入了池化(pooling)层实现对输入特征图的降采样操作。池化操作可以

实现网络对输入平移、形变等变化的较强鲁棒性。另外,经过池化的降采样操作,网络的神经元数目会少于前一层,参数量进一步减少,可以避免过拟合。常用的池化方法主要有两种:一种是平均池化;另一种是最大值池化。

4. 循环神经网络

与完全连接网络和折叠神经网络不同,循环神经网络可以处理输入输出关系。近年来,递归神经网络在语音识别、图像识别、自然语言处理等领域得到了广泛应用。

(1) 基本原理。传统的神经网络模型从输入层到隐藏层,再到输出层,各个层之间的节点断开连接。这种结构具有一定的局限性,不能解决定时问题。循环神经网络会识别原有的信息,然后将其应用于当前输出的计算过程,并且除了输入层的输出之外,隐藏层的输入还包含先前隐藏层的输出。从理论上讲,循环神经网络可以处理任意序列数据。在实践中,为降低复杂性,通常假设当前状态仅与先前状态相关。循环神经网络模型如图4-3所示。

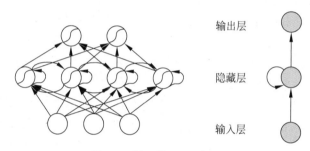

输出层

隐藏层

输入层

图4-3　循环神经网络模型

(2) 网络结构。循环神经网络由输入单元(input units)、输出单元(output units)和隐藏单元(hidden units)组成,分别使用输入集$\{x_0, x_1, \cdots, x_i, x_{i+1}, \cdots\}$、输出集$\{y_0, y_1, \cdots, y_t, y_{t+1}, \cdots\}$和隐藏单元输出集$\{h_0, h_1, \cdots, h_t, h_{t+1}, \cdots\}$表示,其中隐藏单元完成了循环神经网络的主要工作。

(3) 主要应用。循环神经网络在自然语言处理领域得到了广泛的应用,下面给出了一些实例。

① 语言模型和文本生成:以词序列作为输入,输出为每个词在给定前面词的条件概率。语言模型可以度量一个句子的可能性,是机器翻译的重要输入。预测下一个词可以得到一个生成模型,通过在输出概率中采样,生成下一个文本。依赖于训练数据,即可以生成各类文本。

② 机器翻译:输入为源语言的词序列,输出为目标语言的词序列。与语言模型的区别在于,循环神经网络输出只能在得到整个输入之后开始,这是因为翻译的句子可能一般需要整个输入词序列的信息。

③ 生成图像描述:循环神经网络和卷积神经网络相结合,对输入图像生成描述。卷积神经网络获取图像特征,循环神经网络基于特征输出图像描述,实现生成的文字描述与图像特征的对应。

(4) 生成对抗网络。生成对抗网络基于博弈论场景,由生成器和鉴别器组成。生成器的目标是通过随机噪声生成新的样本来学习真实数据的潜在分布。鉴别器的目标是评估输入数据并确认输入是否生成数据或真实样本。当训练和创建敌人网络时,这被认为是一个极小极大博弈游戏问题,目标是实现纳什均衡。生成器可以估计真实数据的分布。

作为一种典型的生成模型,生成对抗网络可以学习真实数据分布的能力,生成与真实数据分布一致的样本,在一定程度上反映生成对抗网络理解事物的能力,有助于在理解层面深化对人工智能的研究。生成对抗网络被广泛使用,其直接应用是建模,如生成图像、视频等。对抗网络的生成也可以应用于标记数据不足的学习情况,还能够用于语音和语言处理等方面。

4.3 资源环境大数据智能分析技术

4.3.1 机器学习

机器学习是一门人工智能的学科,其主要研究对象是如何通过经验学习来改善算法的性能。机器学习的目标是通过使用数据或以往的经验,让计算机程序能够自动地进行学习和优化,以提高其性能和准确性。在机器学习中,我们通常通过构建模型来表示计算机程序的行为。这些模型可以根据给定的数据进行训练,从而自动地调整其参数和权重,以适应不同的任务和问题。通过使用大量的数据和经验,机器学习算法可以从中发现模式、规律和趋势,并将其应用于新的未知数据的预测和分类。机器学习在实际应用中有广泛的应用领域,包括图像识别、语音识别、自然语言处理、推荐系统等。通过机器学习,我们可以让计算机程序具备智能化的能力,能够自动地从数据中学习和提取知识,并将其应用于实际问题的解决。这使机器学习成为现代人工智能的核心技术之一。

机器学习是一门多领域交叉学科,涉及概率论、统计学、逼近论、凸分析、算法复杂度理论等多个学科的知识。它专注于研究如何通过计算机模拟或实现人类的学习行为,以获取新的知识或技能,并不断改善自身的性能。机器学习是人工智能的核心领域之一,它提供了使计算机具备智能的基本途径。通过机器学习,计算机可以从大量的数据中学习和提取知识,并将其应用于解决实际问题。与传统的演绎推理不同,机器学习更注重归纳和综合的方法,通过从数据中发现模式和规律,从而进行预测、分类和决策。机器学习应用广泛,几乎涵盖了人工智能的各个领域。例如,在图像识别领域,机器学习可以通过训练模型来识别和分类图像中的物体和特征;在自然语言处理领域,机器学习可以用于语义分析、文本生成等任务;在推荐系统领域,机器学习可以通过分析用户的行为和兴趣,为用户提供个性化的推荐。

机器学习的算法和技术可以处理和分析大规模的数据,从中发现模式、预测趋势、进行分类和决策等。以下是一些具体的应用场景:①数据挖掘,机器学习可以在大数据中挖掘隐藏的模式和关联规则,用于市场分析、用户行为分析、推荐系统等。②计算机视觉,机器学习在图像和视频处理中有着广泛应用,如图像分类、目标检测、人脸识别等。③自然语言处理,机器学习可以用于语义分析、文本分类、机器翻译、情感分析等任务。④生物特征识别,机器学习可以用于生物特征识别,如指纹识别、虹膜识别、声纹识别等。⑤金融和证券市场分析,机器学习可以用于分析金融市场数据,预测股票走势,进行风险评估等。⑥医学诊断,机器学习可以辅助医生进行疾病诊断,如肿瘤检测、心脏病预测等。⑦语音和手写识别,机器学习可以用于语音和手写识别,如语音助手、手写数字识别等。⑧智能机器人和战略游戏,机器学习可以用于智能机器人的路径规划、决策制定等,也可以用于战略游戏中的智能对手。这些应用领域的成功离不开机器学习理论和算法的支持。随着大数据的快速增长和复杂性的增加,对机器学习理论和算法的研究和改进变得更加迫切,以提高机器学习在实践中的效果和应用价值。

4.3.2 遗传算法

遗传算法是一种基于生物进化原理的随机化搜索方法。它模拟了生物界中的进化过程,通过模拟遗传、交叉和变异等操作,逐步优化问题的解决方案。遗传算法的主要特点如下。

(1)直接操作结构对象:遗传算法可以直接对问题的结构进行操作,不需要求导或考虑函数的连续性。这使得它适用于各种类型的问题,包括离散型和连续型问题。

(2)内在的隐并行性:遗传算法的操作可以并行执行,因此具有内在的隐并行性。这意味着可以同时处理多个解,并在搜索过程中进行多个子种群的进化,从而加快搜索速度。

(3)全局寻优能力:遗传算法具有较好的全局寻优能力,可以在搜索空间中找到较优的解决方案。它通过遗传操作和适应度评估不断改进解的质量,并逐步逼近最优解。

(4)概率化的寻优方法:遗传算法采用概率化的寻优方法,通过概率选择、交叉和变异等操作来搜索解空间。这使得算法能够自动获取和指导优化的搜索空间,并自适应地调整搜索方向。由于遗传算法具有上述特点,它已被广泛应用于各种领域。例如,在组合优化中,遗传算法可以用于求解旅行商问题、背包问题等。在机器学习中,遗传算法可以用于特征选择、参数优化等。在信号处理和自适应控制中,遗传算法可以用于优化滤波器和控制器的参数。此外,遗传算法还在人工生命和进化计算等领域发挥着重要作用。遗传算法是一种强大的随机化搜索方法,具有广泛的应用领域和重要的实用价值。它在解决复杂问题和优化的过程中,能够发现全局最优解或接近最优解,为解决实际问题提供了一种有效的工具和方法。

4.3.3 时间序列分析

时间序列分析是一种通过对按时间顺序排列的一组数字序列进行数理统计处理的方法,以揭示其中的规律和趋势,并用于预测未来的发展。时间序列分析的主要目标是通过对历史数据的分析,建立数学模型来描述和预测未来的趋势、季节性变动、周期性变动和随机波动等。时间序列分析的基本步骤:①数据收集与整理,收集相关的时间序列数据,并进行整理和处理,确保数据的准确性和完整性;②数据可视化与初步分析,通过绘制时间序列图,观察数据的整体趋势、季节性和周期性变动等,并进行初步的数据分析;③模型选择与参数估计,根据数据的特点和问题的需求,选择合适的时间序列模型,并通过参数估计的方法,确定模型的参数;④模型诊断与验证,对建立的时间序列模型进行诊断,检验模型的拟合程度和预测能力,并进行模型的验证;⑤预测与应用,利用建立的时间序列模型进行未来的预测,并根据预测结果进行决策和应用。

时间序列分析常用的方法包括平滑法、移动平均法、指数平滑法、自回归移动平均模型(ARMA)、自回归积分移动平均模型(ARIMA)、季节性自回归积分移动平均模型(SARIMA)、分解法等。时间序列分析在经济学、金融学、气象学、交通运输、销售预测等领域具有广泛的应用。它可以帮助我们理解和预测时间序列数据中的规律和趋势,为决策提供科学依据。

时间序列分析基于对历史数据的统计分析,考虑事物发展的延续性和随机性,通过对过去数据的处理和模型建立,来推测未来事物的发展趋势。时间序列预测通常反映三种实际变化规律。

①趋势变化,指事物发展的长期趋势或方向性变化。趋势可以是上升的、下降的或平稳的。通过拟合趋势线或应用平滑方法,可以揭示和预测事物的趋势变化。②周期性变化,指事物发展中存在的周期性波动或循环变化。周期可以是固定的,如季节性变化,也可以是不规则的,如经济周期。通过分析周期性变动的规律,可以预测未来的周期性波动。③随机性变化,指事物发展中的随机波动或不可预测的因素。随机性变化往往是由各种偶然因素引起的,无法通过规律性模型来准确预测。在时间序列分析中,通常使用随机性模型来描述和处理随机性变化。

加权平均法是时间序列分析中常用的方法之一,通过对历史数据进行加权平均,以反映事物发展的趋势。然而,由于该方法对历史数据的依赖性较强,准确性相对较低,一般适用于短期预测。时间序列分析的目标是揭示和预测事物发展中的趋势、周期性和随机性变化,为决策提供科学依据。不同的时间序列模型和方法可以用于不同的预测问题和数据特点。

曲线拟合和参数估计方法是时间序列分析中常用的技术手段之一。通过对时间序列数据进行曲线拟合和参数估计,可以建立数学模型来描述和预测数据的变化趋势。时间序列分析在各个领域都有着广泛的应用。在国民经济宏观控制和区域综合发展规划中,时间序列分析可以帮助政府和决策者了解经济和社会发展的趋势,制定相应的政策和规划。在企业经营管理和市场潜力预测中,时间序列分析可以用来预测销售量、市场需求等指标,帮助企业做出合理的生产和销售决策。在气象预报、水文预报和地震前兆预报等领域,时间序列分析可以用来分析和预测气象、水文和地震等自然现象的变化趋势,提供预警和决策支持。在农作物病虫灾害预报、环境污染控制和生态平衡等方面,时间序列分析可以帮助监测和预测农作物病虫害的爆发和传播,分析和控制环境污染的趋势,评估生态平衡的变化。在卫星遥感应用中,时间序列分析可以通过连续观测一定时间段内的遥感图像数据,分析和研究地表特征的变化过程和发展规模,为资源管理、环境监测等提供数据支持。

时间序列分析在各个领域中都发挥着重要的作用,帮助人们理解和预测事物的变化趋势,做出科学决策。

本 章 小 结

本章从人工智能技术的发展出发,仔细分析了智能大数据分析技术的经典理论、模型方法和框架。在地理空间大数据分析技术方面,本章重点介绍面向多任务的深度学习框架及样本数据采集和模型优化方法,以支持地理空间数据分析。最后,简要分析了基于深度学习的遥感方法及其应用。

参 考 文 献

[1] 邹易奇.人工智能在计算机网络技术中的应用[J].科技与创新,2022(20):179-181.

[2] 玛雅·比亚利克,查尔斯·菲德尔.人工智能时代的知识、核心概念与基本内容[J].开放研究教育,
2018(3):27-37.

[3] 邹蕾,张先锋.人工智能及其发展应用[J].理论研究,2012(2):11-13.

[4] 罗通.人工智能的概念及发展前景分析[J].无线互联科技,2019(10):147-148.

[5] 荣亮.深度学习影响因素及影响机制分析[J].现代职业教育,2022(36):35-38.

[6] 张笑涛.大学生深度学习的国内研究回顾与展望[J].现代教育科学,2022(5):39-45.

 拓展阅读

[1] 魏斌,等.生态环境大数据应用[M].北京:中国环境出版集团,2018.

[2] 刘锐,等.互联网时代的环境大数据[M].北京:电子工业出版社,2016.

[3] 史蒂芬·卢奇,等.人工智能[M].2 版.北京:人民邮电出版社,2018.

[4] 皮埃罗·斯加鲁菲,等.人工智能通识课[M].北京:人民邮电出版社,2020.

[5] 刘鹏,等.人工智能——从小白到大神[M].北京:中国水利水电出版社,2021.

习题与思考

1. 人工智能为生态环境大数据分析带来哪些便利?

2. 人工智能的发展经历了哪些不同时期?

第5章

资源环境大数据可视化技术

学习目标

了解可视化的发展现状及相关技术；掌握资源环境大数据可视化应用。

章节内容

本章首先介绍可视化的概念内涵、大数据可视化发展的现状及可视化技术，接着详细介绍资源环境大数据可视化的技术。在本章中，我们讨论了为什么大数据可视化是重要的，所面临的挑战是什么，并回顾一些资源环境大数据可视化的相关应用。

5.1 数据可视化概述

5.1.1 数据可视化的概念与内涵

数据可视化出现于20世纪50年代，指的是计算机图形学和图像处理技术的运用。为了使数据表示的内容更易于理解，以图表、地图、标签云、动画或任何使内容更容易理解的图形方式来表现抽象的"数据"，以便于人们理解、发现和利用数据的价值。

研究表明，与通过文本或音频承载的信息相比，信息的视觉描述让人更好地记忆信息。信息的视觉描述能够充当提取有价值的信息的媒介，有助于人们从数据中理解并发现趋势、关系和模式。它涉及数据呈现、数据探索、决策支持、故事讲述、用户体验等方面，旨在提供直观、有洞察力的数据展示和分析工具，帮助用户更好地利用大数据进行决策和创新。数据呈现指的是数据可视化将庞大、复杂的数据转化为可视化形式，以图表、图形、地图等视觉元素展示数据。通过可视化，数据变得更加直观、易于理解和分析。数据探索和发现旨在利用大数据可视化帮助用户从海量数据中发现潜在的模式、趋势和关联性。通过交互式的可视化界面，用户可以自由地探索数据，进行筛选、过滤、聚类等操作，以便更好地理解数据。决策支持指的是大数据可视化提供决策者和分析师们一个直观的方式来理解数据,并基于数据的洞察做出决策。可视化可以帮助他们快速识别问题、发现机会,并做出有效的决策。此外,大数据可视化不仅仅是简单地展示数据,更是通过图形和交互方式将数据转化为故事。通过有序的视觉叙事,可视化可以帮助用户更好地传达数据背后的信息和洞察,使数据更具说服力和影响力。大数据可视化更注重用户体验,追求简洁、直观、易用的界面设计。良好的用户体验可以帮助用户更好地理解数据,提高数据分析的效率和准确性。同时,大数据可视化借助各种技术和工具来实现,包括数据处理和分析技术、可视化算法和模型、可视化工具和平台等。这些技术和工具的发展为大数据可视化提供了更多的可能性和灵活性。因此,数据可视化等视觉交流技术具有重要意义。

5.1.2　数据可视化的发展

数据可视化的发展历程可以追溯到人类早期对数据的图形化表达。数据可视化的起源可以追溯到 17 世纪,当时统计学家如 William Playfair 开始使用图表和图形来展示数据。Playfair 发明了一些重要的统计图表,如折线图、柱状图和饼图,为后来的数据可视化奠定了基础。19 世纪末至 20 世纪初为信息图标时代,数据可视化开始应用于新闻和信息传播领域。著名的信息图表设计师 Florence Nightingale 使用饼图和玫瑰图来展示战争伤亡数据,引起了广泛关注。此时期还出现了一些重要的信息图表杂志,如《图形统计》(*Graphic Statistics*)。随着计算机技术的发展,数据可视化进入了计算机图形时代。在 20 世纪六七十年代,出现了一些早期的数据可视化软件和系统,如 Ivan Sutherland 的 Sketchpad 和 IBM 的 GDDM。这些系统为后来的计算机图形和数据可视化技术奠定了基础。随着计算机硬件和软件技术的进步,以及互联网的普及,数据可视化软件和工具开始崛起。著名的数据可视化软件包括 Tableau、D3. js、ggplot 等。这些工具提供了丰富的图表类型和交互功能,使数据可视化更加灵活和易用。

随着大数据时代的到来,数据量的爆炸性增长给数据可视化带来了新的挑战和机遇,人类进入大数据可视分析阶段。可视分析成为一个重要的研究领域,旨在将可视化和分析技术结合起来,帮助用户从海量数据中提取有价值的信息和洞察。近年来,交互式和动态可视化成为数据可视化的重要趋势。通过交互操作,用户可以自由探索数据,进行深入的分析和发现。动态可视化则通过动画和时间轴等方式,展示数据的变化和演化过程。

数据可视化的发展历程充满了创新和技术进步,不断推动着数据表达和分析的方式。经过几十年的发展,数据可视化逐渐形成三个分支:科学计算可视化(scientific visualization)、信息可视化(information visualization)和可视分析(visual analytics)。这是三个相关但略有不同的概念。它们都是利用可视化技术来呈现和分析数据,但在应用领域、目标和方法上有所区别。科学计算可视化是指将科学计算领域中的数据和结果以可视化的方式展示出来,以便更好地理解、分析和交流科学计算的过程和结果。科学计算可视化主要应用于科学研究和工程领域,用于可视化模拟结果、数据分析和科学发现。科学计算可视化通常涉及大规模数据的可视化、模拟结果的可视化、科学计算算法的可视化等。信息可视化是指将复杂的信息和数据以可视化的方式呈现出来,以便更好地理解和分析信息的结构、关系和模式。信息可视化主要应用于数据分析、信息展示和决策支持等领域,用于可视化大数据集、网络关系、地理空间数据、时间序列数据等。信息可视化的目标是通过视觉化的方式帮助用户发现信息中的模式、趋势和异常,从而支持决策和洞察。可视分析则是指将可视化技术与分析方法相结合,以支持复杂数据的理解、分析和决策。可视分析将可视化技术与数据挖掘、机器学习、统计分析等方法相结合,通过交互式的可视化界面和分析工具,帮助用户在大规模数据中发现模式、识别趋势、探索关联,并进行深入的数据分析和推理。可视分析的目标是使用户能够通过直观的可视化界面进行数据探索和分析,从而获得深入的洞察和见解。

因此,科学计算可视化主要关注科学计算领域的数据和结果的可视化展示;信息可视化主要关注信息和数据的可视化呈现和分析;可视分析则是将可视化技术与分析方法相结合,以支持复杂数据的理解和决策。它们在应用领域、目标和方法上有所区别,但都是利用可视化技术来帮助用户更好地理解和分析数据。

5.2 大数据可视化的发展概况

5.2.1 大数据可视化的发展现状及趋势

进入大数据时代,数据节点以数量级方式增长,可视化通过描绘、测量、计算各节点之间的关系,以交互式的方式展示出来,人们会在其中观察到许多相关关系,通过寻找关联物以及通过找出新种类数据之间的相互联系来解决日常需要。大数据的特征对其可视化方法提出了新的要求。发展至今日,可视化已经成为整个认知系统的关键环节,它承载着沟通人和数据之间桥梁的作用。可以说,交互式的大数据可视化已经属于人—机复杂认知系统中的一部分,没有可视化作为桥梁、作为用户端,人类很难直观快速地感知大数据中蕴含的巨大财富和价值。

大数据可视化技术涵盖科技和生活的方方面面,已经出现的大数据可视化涉及自然科学现象及计算领域、计算机网络、政治商业金融、工程管理及艺术表现学等众多领域。目前研究的重点是如何将复杂多维的数据进行图形表征,包括抽象的、具象隐喻的或是仿真的表征方法及优化算法。因此,大数据可视化的发展现状涉及技术、工具、应用的等领域。

(1)数据量和多样性:随着数据的不断增长,大数据可视化面临着处理海量数据的挑战。同时,数据的多样性也增加了可视化的复杂性,需要更灵活和多样的可视化技术来展示不同类型的数据。

(2)实时可视化:随着实时数据处理和分析的需求增加,实时大数据可视化变得越来越重要。实时可视化可以帮助用户及时监控和分析数据,并支持实时决策和反馈。

(3)交互性和可视分析:交互性是大数据可视化的一个重要特点。通过交互式可视化,用户可以自由地探索和分析数据,根据需要进行数据的过滤、聚焦和细节查看。可视分析工具的发展也使得用户能够进行更深入的数据挖掘和发现。

(4)多维数据可视化:大数据通常包含多个维度的数据,如时间、地理位置、属性等。多维数据可视化技术可以帮助用户同时展示和分析多个维度的数据关系,提供更全面和深入的洞察。

(5)可视化技术和工具:随着大数据可视化的发展,出现了许多新的可视化技术和工具。例如,基于 Web 的交互式可视化工具(如 D3.js、Plotly),可视化编程语言(如 Python 的 Matplotlib 和 Seaborn 库),以及商业化的大数据可视化平台(如 Tableau、Power BI)等。

现代的可视化工具和库使人们可以更轻松地创建交互性、动态的数据可视化作品,大数据可视化成为处理和理解海量数据的重要手段。总的来说,大数据可视化在技术、数据规模、形式多样性、交互性和应用领域等方面都取得了显著的发展。它为人们更好地理解和利用大数据提供了强有力的工具和方法。随着技术的不断进步,大数据可视化将在未来继续发展,并在各个领域发挥更大的作用。

5.2.2　大数据可视化的发展挑战

可视化发展到大数据时代,可视化界面不仅仅局限于数据信息的展示,而是通过和用户之间的人—机交互参与到数据分析中。有了交互式可视化界面的参与,最终实现"数据—信息呈现—知识"之间的信息流动。数据可视化在大数据场景下面临诸多新的挑战。大数据可视化相对于传统的数据可视化,处理的数据对象有了本质不同。大数据可视化是指有效处理大规模、多类型和快速变化数据的图形化交互式探索与显示技术。在已有的小规模或适度规模的结构化数据基础上,大数据可视化需要有效处理大规模、多类型、快速更新类型的数据。同时,数据量的增加也带来了可视化的性能和效率问题。尽管有许多可视化工具和技术可供选择,但对于大数据可视化来说,需要更高效、更灵活和更强大的可视化技术与工具。这些工具需要能够处理大规模数据,提供实时和交互式的可视化体验,并支持多维数据的展示和分析。这给数据可视化研究与应用带来一系列新的挑战。

结构特征的转变是大数据的一个重要特征。早期的计算机数据都是行列式的结构化数据,如一个集体内各个科目的分数统计。这种数据处理所面临的问题主要是对数据集科学的存储和分类,方便编辑和查找。随着计算机软、硬件能力的提升,开始出现无法用数字或统一的结构表示的非结构化数据,如电子邮件、文档和医疗记录等。随着互联网和物联网的进一步发展,个人计算机和各种输入设备及探测器、感应器的普及,出现了大量异构的非结构化数据,如文本、图像、声音和网页等,而这些类型的数据已经构成了信息的主要表现形式。因此,通常来说大数据是多种类型数据共存的,数据具有混杂性和模糊性,其中非结构化数据占到数据总量的80%以上且呈上升趋势。随着物联网的快速发展以及移动网络的全面普及,每时每刻、随时随地都在产生大量的各种各样的非结构化数据,它构成了网络时代的数据主体。大数据可视化所面临的一个重要问题就是对这些异构、非结构化数据进行信息表征。

大数据的另一个表现是数据类型多样,常常分布于不同的数据库。如何融合不同来源、不同类型的数据,为使用者提供统一的可视化视角,支持可视化的关联探索与关系挖掘,是一个重要的问题。其中涉及数据关联的自动发现、多类型数据可视化、知识图谱构建等多个技术问题。随着数据规模的增加,图表可视化的效率问题越来越凸显。目前,有些可视化产品开始采用 WebGL 借助 GPU 实现平行绘制。越来越多的数据可视化产品采用 B/S 架构,其性能一定程度上优先于浏览器。另外,跨终端的需求越来越普遍,也对图表绘制提出更多的挑战。

同时,大数据可视化涉及大量的敏感数据,包括个人信息、商业机密等。确保数据的隐私和安全是一个重要的挑战。在可视化过程中,需要采取适当的数据脱敏和加密措施,以保护数据的安全性。大数据可视化需要考虑设计原则和用户体验,以确保用户能够轻松理解和操作可视化结果。设计一个直观、易用和具有吸引力的可视化界面是一个挑战,需要综合考虑数据的复杂性和用户的需求。如今,大数据可视化不仅仅是展示数据,还需要将数据转化为有意义的故事和洞察。这需要将数据背后的故事和关联性传达给用户,以帮助他们理解和解释数据。在可视化过程中,需要注重可解释性和故事性的表达。因此,大数据可视化需要具备数据分析、可视化设计和编程等多个领域的知识和技能。培养和吸引具备这些技能的人才是一个挑战。同时,持续的培训和学习也是必要的,以跟上不断发展的可视化技术和工具。总的来说,大数据可视化面临着数据量、复杂性、技术、隐私安全、设计和人才等多个方面的挑战。解决这些挑战需要技术创新、跨学科合作和持续的努力。

5.3 可视化技术

5.3.1 常规可视化技术

大数据可视化方法可以根据数据类型、可视化技术和兼容性进行分类。由于人类的思维受到限制,因此,需要对大数据进行翻译。常规的可视化技术是指在数据可视化领域中被广泛使用的一些基本技术和方法,包括图表、地图、仪表盘、树状图、网络图、热力图、气泡图、词云等。图表是最常见的可视化方式之一,用于展示数据的关系、趋势和比较。常见的图表类型包括柱状图、折线图、饼图、散点图等;地图可用于展示地理位置相关的数据,通过不同的颜色、符号或区域来表示不同的数据值,也可用于显示地区分布、热度图、流量等;仪表盘是一种集中展示关键指标和数据的可视化工具,通常以图表、指针、进度条等形式展示,用于实时监测和分析数据;树状图和网络图可用于展示数据的层次结构和关系,树状图用于展示父子关系,网络图用于展示节点之间的连接和关联;热力图通过颜色的渐变来展示数据的密度和分布情况,常用于显示热点区域、用户行为等;气泡图通过不同大小和颜色的气泡来展示多维度的数据,常用于显示多个指标之间的关系;词云则是通过不同大小和颜色的文字来展示文本数据中的关键词,常用于显示文本的关键主题和频率。

绘制多维度个体数据通常需要使用平行坐标。此外,树状图是一种有效的可视化层次结构方法。通常一个测量的数据用一个子矩形的面积来代表,另一个测量的数据则用其颜色来代表。另一种显示分层数据的方法是锥形树图,如三维空间中的组织体,它的树枝呈现出锥生长的形式;语义网络是一个表示不同概念之间的逻辑关系的图形。大多数可视化是由计算机或机器生成的,使用一些软件工具来帮助分析数据、提取关系和模式。

目前,我们有各种各样的技术,如常用的图形、散点图、热图、饼图和多维投影等。除柱状图等常用的可视化方法外,还有一些其他可视化技术,如树图、语义网络和并行坐标(主要用于显示多维数据)。这些常规的可视化技术在数据分析、决策支持、报告展示等领域发挥着重要作用。随着大数据时代的到来,可视化技术也在不断发展和创新,以应对越来越复杂和庞大的数据需求。

5.3.2 大数据可视化技术

传统的数据可视化工具和技术在处理大数据方面存在不足。大多数可视化是静态的,但也有一些是动态的,具有旋转、缩放、平移和滚动等功能的动态或交互式可视化允许用户以更好的方式使用可视化技术提取信息。

相较于常规可视化技术来说,大数据可视化技术帮助人们更直观、易于理解地分析和解释数据。数据可视化技术能够将庞大的数据集以直观、易于理解的方式展示出来。通过使用各种图表、图形、地图等视觉化元素,可以有效地传达数据的关系、趋势和模式,帮助用户更好地理解数据;同时,大数据可视化技术具有交互性和动态性,用户可以通过与可视化界面的交互操作,实时地探索数据、调整视角、进行数据过滤和排序等操作。这种交互性和动态性使得用户能够更深入地分析数据,发现隐藏的信息和关联。交互式可视化是指通过图形化界面和用户交互的方式,将数据和信息以可视化的形式呈现给用户,并允许用户与可视化进行实时的交互和操作。传统的可视化方式通常是静态的,用户只能观察数据图表或图形。而交互式可视化则提供了更丰富的用户体验和更深入的数据探索能力。用户可以通过鼠标、键盘或触摸屏等输入设备与可视化进行互动,如完成缩放、平移、选择、过滤、排序等操作。这样,用户可以根据自己的需求和兴趣,动态地探索和分析数据,发现隐藏在数据中的模式、关联和趋势。

通过以下几个步骤,很容易生成交互式可视化。

(1)选择:通过用户的操作选择感兴趣的数据或图表元素。这可以通过鼠标点击、拖动或其他交互方式来实现。选择可以是单个数据点、一组数据点、整个数据集或特定的图表元素(如柱状图的柱子、散点图的点等)。

(2)链接:将不同的可视化组件或视图连接在一起,以便它们可以相互影响和交互。例如,将一个选择的数据点在不同的图表中高亮显示,或者通过选择一个图表中的某个区域来更新其他图表中的数据显示。

(3)过滤器:过滤器允许用户根据特定的条件来筛选和过滤数据。用户可以根据数据的属性、数值范围、时间段等设置过滤条件,以显示感兴趣的数据子集。过滤器可以帮助用户更好地理解数据并发现其中的模式和趋势。

(4)重新排列:通过用户的操作改变可视化中的布局、排序或组织方式,以便更好地呈现数据。例如,用户可以通过拖动和放置来重新排列图表中的数据点或类别,或者通过调整图表的大小和位置来重新布局整个可视化。

支持聚类分析的交互式可视化是识别数据中聚类模式的最本能的方法,但在多维数据可视化时很费力。用于可视化科学数据的沉浸式和交互式技术是一个新兴领域。与传统桌面相比,这些潜在的、流行的和最先进的技术推动了多维、协作和直观的可视化体验。

此外,大数据可视化技术能够处理和展示多维数据,可以同时展示多个维度的数据关系。通过使用不同的可视化方式,如平行坐标图、热力图等,可以将多个维度的数据同时呈现在一个图表中,帮助用户发现数据之间的复杂关系。大数据可视化技术能够实时处理大规模的数据流,将实时数据以可视化方式展示出来。这对于需要实时监控和分析数据的应用场景非常重要,如金融交易监控、网络流量分析等;大数据可视化技术通常具有高度的可定制性和可扩展性。用户可以根据自己的需求和偏好,自定义图表类型、颜色、标签等,以及添加自定义的功能和算法。同时,大数据可视化技术也可以与其他数据处理和分析工具集成,实现更复杂的数据处理和分析任务。大数据可视化技术不仅仅是将数据可视化呈现,还能与数据分析技术结合,实现数据的深入分析和挖掘。例如,通过在可视化界面中嵌入数据分析算法,用户可以直接在可视化界面中进行数据聚类、关联规则挖掘等操作,从而更方便地进行数据分析;大数据可视化技术能够帮助用户更好地理解数据,发现数据中的规律和趋势,从而为决策提供支持。通过可视化展示数据,决策者可以更直观地了解业务状况、市场趋势等,从而做出更准确、更有针对性的决策。

数据可视化技术具有表达能力强、交互性与动态性、多维数据展示、实时数据处理、可定制性和可扩展性、可视化与分析的融合以及提供决策支持等特点。这些特点使大数据可视化技术成为处理和理解大规模复杂数据的重要工具,对于数据驱动的决策和分析具有重要意义。

5.4 资源环境大数据可视化

资源环境大数据可视化是指通过对资源环境领域中的大量数据进行整理、分析和可视化展示,以便更好地理解和解释资源环境问题的一种方法。它结合了大数据技术和可视化技术,旨在通过视觉化的方式呈现数据,帮助用户发现数据中的模式、趋势和关联,以支持决策制定和问题解决。资源环境大数据可视化是各类数据分析、查询统计的结果展示,针对海量数据的计算结果,采用先进的数据展示技术,对各类环境要素、环境工作情况进行综合展示,应用于各类指挥调度平台、综合决策平台,方便用户全面了解环境情况。资源环境大数据可视化在资源管理、环境监测、灾害应对和可持续发展等方面具有广泛的应用前景。

本节从应用较多的地理信息系统、虚拟现实技术以及数字地球三个方面来介绍资源环境大数据的可视化。

5.4.1 地理信息系统与资源环境

地理信息系统(geographic information system,GIS)是在计算机软硬件的支持下,以地理空间数据库为基础,运用系统工程和信息科学的理论,科学管理和综合分析具有空间内涵的地理数据,以提供管理、决策等所需信息的技术系统[1]。它结合了地理学、地图学、计算机科学和数据库技术,可以处理和分析与地理位置相关的数据,并将其以图形化的方式展示出来。GIS 通常由硬件、软件、数据和人员组成,用于支持地理空间数据的收集、管理、分析和决策。GIS 的特点如下。

(1)空间数据集成:GIS 可以整合不同来源的地理空间数据,包括地图、卫星影像、遥感数据、GPS 轨迹等,实现对不同数据源的集成和统一管理。

(2)地理位置关联:GIS 能够将各种数据与地理位置进行关联,通过地理坐标系统将数据与地球表面上的位置进行对应,实现地理位置的分析和查询。

(3)数据可视化:GIS 可以将地理空间数据以图形化的方式展示出来,通过地图、图表、图像等形式,使用户能够更直观地理解和分析地理空间数据。

(4)空间分析和建模:GIS 提供了丰富的空间分析和建模功能,可以进行空间查询、缓冲区分析、路径分析、空间插值等操作,从而帮助用户发现地理空间数据中的模式、关联和趋势。

(5)多领域应用:GIS 广泛应用于各个领域,包括城市规划、土地管理、环境保护、交通管理、应急响应、农业管理等,为决策者提供空间信息支持和决策依据。

在合理配置 GIS 时,需要考虑硬件和软件选择、数据采集和处理、数据管理和存储、功能需求和定制开发、用户培训和技术支持等因素。

随着云计算和大数据技术的发展,GIS也面临着更大规模和更复杂的地理空间数据处理需求。云计算和大数据技术可以帮助GIS系统更好地处理和分析大规模的地理空间数据,提高系统的性能和效率。同时,移动设备的普及和移动网络的发展,使移动GIS成为可能。移动GIS可以使用户随时随地获取和使用地理空间数据,提高工作效率和决策能力。如今人工智能和机器学习技术的应用,将使GIS具备更强大的分析和决策能力。通过人工智能和机器学习算法,GIS可以从海量的地理空间数据中提取有用的信息和规律,为决策制定提供更准确的支持。然而,地理空间数据的质量和隐私保护是GIS面临的重要挑战之一。为了保证数据的准确性和可靠性,需要建立起完善的数据质量控制和管理机制。同时,也需要加强对地理空间数据的隐私保护,确保数据的安全性和合法性。

地理信息系统主要应用于环境规划、环境监测、环境监督及环境评价,在不同环节的应用发挥着不同的作用。如在环境规划中,通过应用地理信息系统对诸多数据进行分析和处理,最终确定最优的环境规划方案,达到优化区域环境规划的目的。在环境监测和监督过程中,应用地理信息系统可对所在地区进行实时的动态环境监测,及时发现环境的变化情况,有助于环境保护。

1. 地理信息系统与资源环境管理

地理信息系统常应用于环境管理领域,在管理中充分利用GIS现代集成技术的计算机信息技术、空间技术,不断促进环境管理方面的科技进步。此外,通过综合分析管理如土地、水、大气和植被等各种环境构成因素,运用地理信息系统完成信息录入,进一步发挥出地理信息系统的处理功能,最终服务于环境管理。最后,通过地理信息系统建立城市信息处理系统,做到信息共享,不断提升环境保护质量。以下是一些常见的应用及实例:①环境监测与评估,GIS可以用于收集、分析和可视化环境监测数据,如空气质量、水质、土壤污染等。通过空间分析和模型建立,可以评估环境质量、识别污染源、预测环境影响等。使用GIS可对城市空气质量进行监测和评估,识别污染源和制定改善措施。②自然资源管理,GIS可以用于监测和管理自然资源,如森林、水资源、土地利用等。通过整合地理数据和环境指标,可以进行资源评估、规划和决策支持,实现可持续的资源管理。使用GIS可进行森林资源管理,评估森林健康状况、制订可持续的伐木计划。③灾害风险评估与应急响应,GIS可以用于灾害风险评估和应急响应。通过整合地理数据、气象数据和人口数据,可以评估灾害风险,制定相应的减灾策略。在灾害发生时,GIS可以用于资源调度、灾情分析和救援路径规划。使用GIS可进行洪水风险评估,确定易受洪水影响的区域和制订相应的应急预案。④土地规划与管理,GIS在土地规划和管理中发挥重要作用,它可以帮助决策者评估土地可行性、确定最佳用途、规划城市发展、管理土地权属等。通过空间分析和模拟,可以优化土地利用和提高土地利用效率。使用GIS可进行城市土地规划,确定合适的用地分布、保护重要生态区域。⑤生态环境保护,GIS可以用于生态环境保护和生物多样性保护。通过空间分析和模型建立,可以评估生态系统的健康状况、预测物种分布、规划生态走廊等。这有助于制定保护策略和管理措施,保护生物多样性和生态系统功能。使用GIS可进行湿地保护,评估湿地健康状况、规划保护区域等。

因此,通过利用地理信息系统的功能,可以更好地理解和管理环境信息,从而实现可持续的环境管理和保护。

2. 地理信息系统与灾害监测

地质灾害会带来人员伤亡和经济损失,国家加强地质灾害防治力度的工作一直在进行,现代信息技术也已经越来越多地运用于地质灾害防治中。其中,地理信息技术的作用正在凸显。GIS在灾害预警中的应用具有重要意义。它通过整合空间数据、地理信息和地图,提供了对灾害发生、演变和影响的全面视图,帮助决策者和救援人员更好地理解和应对灾害情况。以下是一些地理信息系统在灾害监测中的具体实例:①灾害风险评估,GIS可以整合地形、土地利用、气候、水文等数据,进行灾害风险评估。通过分析和模拟,可以确定潜在的灾害风险区域,为灾害预防和减灾提供科学依据。②灾害监测和预警,GIS可以实时监测和追踪灾害事件,如地震、洪水、山火等。通过传感器、卫星图像等数据源,可以及时获取灾害事件的空间信息,并生成相应的预警信息,帮助人们及早采取行动。③灾害响应和救援,GIS可以帮助规划和优化救援资源的调度和分配。通过分析灾害现场的地理特征、交通网络、人口分布等信息,可以确定最佳的救援路径和资源配置,提高救援效率和减少损失。④灾后评估和重建,GIS可以用于灾后评估和重建规划。通过收集和整合灾害发生前后的地理数据,可以分析灾害对土地利用、基础设施等的影响,为灾后重建提供科学指导。

具体来说,在防洪减灾方面,地理信息系统可提供可视化信息服务、防洪调度、建立防汛预案以及洪灾风险分析与区划。利用地理信息系统能够将具有时空特征的防洪抗洪信息如气象信息、河道信息、降雨预报、险情预警进行有效整合,使洪水相关数据与计算机相关模型连接起来,实现实时监测数据的可视化。根据降雨预报,结合近阶段大量的多分辨率遥感影像,并利用地理信息系统相关的地形分布和地势信息,特别是林木区域和水体的分布,实现气象下垫面的有效分析,根据气象降雨相关理论及以往降雨数据进行分析完成准确预测。降雨较急且降雨量较大时,要进行洪水灾害预测,根据河段上游水量和河道工程信息完成仿真模拟,完成全河段区域具体水位的实际状况预测。结合GIS空间分析,规划救援人员以最快速度到达灾区、优化救灾物资配置等。结合洪灾数据、相关洪水理论并运用地理信息技术,将自然地理与相关社会因素叠加分析,GIS技术在大量信息数据管理及处理上发挥巨大作用,进行洪水危险性分析、洪灾损失估计等,分析各种强度洪水出现的概率和可能造成灾区的损失。

3. 地理信息系统与资源环境审计

地理信息系统技术在资源环境审计中有着独特的优势,利用地理信息系统技术一方面可提高审计效率及审计精准度,从而保证数据完整,便于审计取证核实;另一方面可客观且真实地推动自然资源资产审计的完成,推动生态文明建设。此外,通过地理信息系统技术可形象地从空间上对自然资源进行表达,便于获得审计结果。地理信息系统能够精确定位审计疑点位置,使审计工作更有针对性,从而减轻审计工作人员的压力,同时减少大量人力、物力消耗。

除了国土审计等项目外,地理信息系统突破了传统审计方式,也极大地推动了政府资源环境审计的发展,在投资交通项目审计、农业综合开发项目审计和矿产审计等领域中也发挥着重要作用。在政府投资审计中,应用地理信息系统能够有效解决审计方与被审计方信息不对称的问题。然而,地理信息系统在资源环境审计中的应用离不开与其他部门的配合,审计机关应当加强与地理信息相关单位的合作,为自然资源资产审计工作的开展奠定基础。

5.4.2　虚拟现实技术与资源环境

虚拟现实(virtual reality,VR)又称虚拟环境、灵境或人工环境,是指利用计算机生成一种可对参与者直接施加视觉、听觉和触觉感受,并允许其交互地观察和操作虚拟世界的技术[2,3]。

虚拟现实起源于 1965 年美国 Ivan Sutherland 在 IFIP 会议上发表的题为"The Ultimate Display"(终极的显示)的论文,开创了研究虚拟现实的先河,该论文中提出人类可以把显示屏当作"一个通过它观看虚拟世界的窗口"。1968 年,Ivan Sutherland 成功研发头盔显示装置和头部及手部跟踪器。由于技术上的原因,20 世纪 80 年代以前,虚拟现实技术发展缓慢。直到 20 世纪 80 年代后期,信息处理技术的高速发展进一步促进了 VR 技术的提升。20 世纪 90 年代初,国际上出现了 VR 技术的热潮,VR 技术至此开始成为一个独立研究开发的领域。

VR 技术主要有以下几个特性:①浸入性,虚拟现实技术通过使用头戴式显示器、手柄、手套等设备,将用户完全沉浸在虚拟环境中。用户可以感受到身临其境的感觉,仿佛置身于一个虚拟的现实世界中。②交互性,虚拟现实技术允许用户与虚拟环境进行实时的交互。用户可以通过手势、语音、眼神等方式与虚拟环境中的物体、角色或场景进行交互,增加了用户与虚拟环境的互动性和参与感。③三维感知,虚拟现实技术可以呈现出逼真的三维图像和场景,使用户能够感知到虚拟环境中的深度、距离和空间关系。这种三维感知增强了用户对虚拟环境的真实感和身临其境的感觉。④多感官体验,虚拟现实技术不仅仅局限于视觉上的体验,还可以通过声音、触觉和嗅觉等方式,提供更加全面的多感官体验。例如,用户可以听到虚拟环境中的声音,感受到虚拟物体的触感,甚至闻到虚拟环境中的气味。⑤实时渲染,虚拟现实技术需要实时渲染大量的图像和场景,以保证用户在虚拟环境中的流畅体验。为了实现实时渲染,虚拟现实技术通常需要强大的计算和图形处理能力,以及高帧率和低延迟的显示设备。进入 2016 年 VR 元年后,其智能化发展的特性也逐步凸显,主要体现在人机交互的自然化与虚拟对象模型的可进化与可演化性两个方面。人机交互的自然化是指通过技术手段使得人与计算机之间的交互更加自然、直观和友好。这种交互方式可以让用户以更加自然的方式与计算机进行沟通和操作,提供更好的用户体验。虚拟对象模型的可进化与可演化是指虚拟对象模型能够根据需求和环境的变化进行适应和演化的能力。虚拟对象模型是指在计算机系统中对现实世界中的对象进行建模和模拟,以实现与这些对象进行交互的功能。可进化与可演化的特性使得虚拟对象模型能够随着需求的变化进行灵活的调整和扩展,以适应不同的应用场景和用户需求。人机交互的自然化和虚拟对象模型的可进化与可演化是人机交互技术发展的重要方向。通过自然化的交互方式和灵活可变的虚拟对象模型,可以提升用户的交互体验,增强系统的适应性和可扩展性。这些技术的应用可以涵盖多个领域,如虚拟现实、增强现实、智能助理等,为人们提供更加智能、便捷和自然的交互方式。

虚拟现实技术系统主要分为沉浸式虚拟现实、非沉浸式虚拟现实、分布式虚拟现实和增强现实四类。

(1) 沉浸式虚拟现实(immersive VR):沉浸式虚拟现实技术是通过头戴式显示设备(如 VR 头盔)和手柄等设备,让用户完全沉浸在虚拟世界中。用户可以通过头部追踪和手部追踪等技术与虚拟环境进行互动,获得身临其境的体验。沉浸式虚拟现实技术的目标是创造出一种身临其境的感觉,让用户感觉自己置身于一个完全虚拟的环境中。这种技术在娱乐、教育、培训、医疗和工业等领域都有广泛的应用,可以提供更加沉浸和逼真的体验,帮助用户获得更深入的理解和更高效的学习。

(2)非沉浸式虚拟现实(non-immersive VR):非沉浸式虚拟现实技术通常使用普通的计算机屏幕、键盘、鼠标等设备,以及虚拟现实软件来模拟虚拟环境。用户可以通过屏幕观看虚拟世界,使用键盘、鼠标等设备进行交互。与沉浸式虚拟现实不同,非沉浸式虚拟现实通常不会提供用户完全沉浸于虚拟环境中的感觉。用户在非沉浸式虚拟现实中可以通过计算机屏幕或其他显示设备观看虚拟世界的图像,但他们仍然保持对现实世界的感知。用户可以使用鼠标、键盘、手柄或其他交互设备来与虚拟环境进行互动。非沉浸式虚拟现实通常用于各种应用领域,如娱乐、教育、培训和设计等。它可以提供一种更具交互性和沉浸感的体验,但相对于沉浸式虚拟现实来说,用户可能感受到的沉浸感较低。然而,非沉浸式虚拟现实也具有其优势,如成本较低、易于使用和适用于更广泛的用户群体。

(3)分布式虚拟现实(distributed VR):分布式虚拟现实技术是指将多个虚拟现实系统连接在一起,使多个用户可以在不同的地理位置上共享同一个虚拟环境。通过网络连接,用户可以在虚拟环境中进行协作、交流和互动,实现远程协作和远程培训等应用。分布式虚拟现实技术的目标是创造一种虚拟现实体验,使用户感觉彼此存在于同一虚拟空间中,尽管他们可能身处不同的地理位置。为实现这一目标,分布式虚拟现实通常需要具备以下关键技术:网络通信,分布式虚拟现实需要可靠的网络连接,以便用户之间可以实时传输虚拟环境中的数据和信息,高速、低延迟的网络连接对于实现流畅的分布式虚拟现实体验非常重要;数据同步,在分布式虚拟现实中,多个用户同时参与虚拟环境中的交互,为了确保用户在不同位置上看到和感知到相同的虚拟环境,需要对虚拟环境中的数据进行同步和更新;多用户交互,分布式虚拟现实需要支持多个用户之间的实时交互,这包括用户之间的语音通信、手势识别、共享对象和协同操作等功能,以增强用户之间的合作和互动;服务器和云平台,分布式虚拟现实通常需要一个中央服务器或云平台来存储和处理虚拟环境的数据,服务器可以管理用户之间的连接、数据传输和同步,同时提供资源和计算能力支持。分布式虚拟现实可以应用于各种领域,如远程协作、虚拟会议、教育和培训等。它为用户提供了一种身临其境的体验,使他们能够共享和参与虚拟环境中的活动,无论他们身处何地。

(4)增强现实(augmented reality):通过将虚拟信息与真实世界进行融合,为用户提供一个增强的感知体验。它通过计算机图形学、感知技术和传感器等技术手段,将虚拟的数字内容与真实世界的场景进行交互和叠加。增强现实技术的目标是在用户的真实感知中增加或修改信息,使用户能够与虚拟对象进行实时交互,同时保持对真实世界的感知。这种交互可以通过显示设备(如头戴式显示器、智能手机、平板电脑等)来实现,用户可以通过这些设备看到虚拟对象与真实世界的叠加。增强现实广泛应用于多个领域,包括娱乐、教育、医疗、工业等。例如,在游戏领域,增强现实可以将虚拟角色和物体与玩家的真实环境相结合,提供更加沉浸式和交互式的游戏体验。在医疗领域,增强现实可以用于手术导航、医学培训和患者教育等方面。在工业领域,增强现实可以用于维修和保养操作的辅助,提高工作效率。

虚拟现实技术可模拟实地场景的特征,在环境工作中有着广泛的应用前景。一方面,资源环境领域的工作涉及大量的地表、地下和空间的数据及模型,虚拟现实技术可将以往传统的数据和平面资料直观化、立体化；另一方面，虚拟现实技术可与数据模型、规划评价等技术结合，在精准还原数据的基础上，服务于环境规划和预测等工作，保证工作的准确性、真实性和可靠性。在资源环境方面，虚拟现实技术可以对资源的使用和管理产生一定的影响：①资源消耗，虚拟现实技术需要使用大量的计算资源和能源来生成和渲染虚拟环境，这可能会对电力、计算设备和网络带宽等资源造成一定的压力；②虚拟资源，虚拟现实技术可以模拟和呈现各种资源，如土地、建筑、交通工具等，通过虚拟环境，用户可以在虚拟世界中体验和利用这些资源，从而减少对实际资源的需求；③教育和培训，虚拟现实技术在教育和培训领域的应用越来越广泛，通过虚拟环境，学生和员工可以进行模拟实验、操作训练等，从而减少对实际资源的消耗和浪费；④可持续发展，虚拟现实技术可以为可持续发展提供支持，如在城市规划中，虚拟现实技术可以模拟不同的城市设计和发展方案，从而帮助决策者做出更加环保和可持续的决策。然而，目前虚拟现实技术在环境领域中的应用还处于摸索阶段，具体来说，现阶段虚拟现实技术主要在以下几个方面进行应用。

（1）虚拟现实技术与环境安全和应急管理。环境安全和应急管理是现如今环保工作中的一项重点工作，可通过虚拟现实技术进一步提升环境安全与应急管理工作的实效性，最终提升工作开展效果。通过计算机图形技术来建立具有较强沉浸性和交互性的软件系统，其仿真性、沉浸性和交互性能够更好地满足环境安全工作的需要，从而在环境安全应急的诸多方面得到应用。

在软硬件数量不断增多及虚拟现实技术不断发展的背景下，虚拟现实技术在应用普及性和易用性方面也有了更强的展现，具体的应用方向包括：①培训和演练，虚拟现实技术可以用于培训和演练环境安全应急响应的人员。通过虚拟现实模拟真实场景，培训人员可以接受实际情况下的训练，提高应急响应的能力。这种虚拟培训可以涵盖各种场景，如火灾、地震、化学泄漏等。②仿真和模拟，虚拟现实技术可以用于模拟环境安全应急事件的发生和演变过程。通过建立虚拟环境，可以模拟各种应急情况，并评估不同应对策略的有效性。这种仿真和模拟可以帮助应急响应人员更好地理解事件的动态特征，并制订更有效的应对方案。③可视化和沟通，虚拟现实技术可以用于可视化环境安全应急事件的信息和数据。通过将数据可视化为虚拟场景，可以更直观地理解事件的情况和趋势。这有助于应急响应人员更好地理解事件的复杂性，并更好地进行决策和沟通。④虚拟现实训练设备，虚拟现实技术可以用于开发环境安全应急训练设备，如虚拟现实头盔和手柄。这些设备可以提供沉浸式的体验，使应急响应人员能够在虚拟环境中进行实时互动和操作，以提高应急响应的技能和反应能力。

虚拟现实技术在环境安全与应急管理中的应用可以提供更真实、更直观的训练和模拟环境，帮助应急响应人员更好地应对各种应急情况。这有助于提高应急响应的效率和准确性，最大限度地保护人员和环境的安全。

（2）虚拟现实技术与资源勘探和开发。虚拟现实技术可以应用于资源勘探和开发领域。通过创建虚拟的勘探场景，可以模拟地下资源的分布和特征，帮助勘探人员更好地理解地质结构和资源分布。此外，虚拟现实技术还可以用于模拟资源开发过程：①地质勘探，虚拟现实技术可以用于地质勘探，帮助勘探人员更好地理解地下地质结构和资源分布。通过创建虚拟的勘探场景，勘探人员可以模拟地下资源的分布和特征，观察地质构造、岩层分布等信息。这有助于指导勘探过程中的钻探位置选择、资源量估计等决策。②油田开发，在油田开发中，虚拟现实技术可以用于模拟油田的地质结构、油藏分布等信息。通过虚拟现实设备,开发人员可以沉浸式地浏览和分析油田的地质数据,并模拟不同开发方案的效果。这有助于优化油田开发方案,提高开采效率和资源利用率。③矿山开采,虚拟现实技术可以应用于矿山开采过程中的规划和操作。通过创建虚拟的矿山场景,开采人员可以模拟矿山的地质结构、矿石分布等信息,并进行开采方案的模拟和优化。此外,虚拟现实技术还可以用于培训矿工,模拟和实践矿山操作技能,提高工作安全性和效率。经过了长时间的摸索,目前虚拟现实技术在采矿工程中的使用已经取得了一定的成效,虚拟现实可以提供沉浸式的培训环境,使采矿工程师和操作人员能够在虚拟场景中进行实践和培训,而无须实际进入现场。这种虚拟培训可以帮助工程师学习和熟悉矿山设备、工作流程和安全操作规程,提高工作效率和安全性。工程师可以使用虚拟现实技术创建三维模型,模拟矿山的地质结构、设备布局和工作流程。这样可以更好地理解和评估设计方案,优化矿山布局,并预测潜在的问题和挑战。虚拟现实可以将大量的矿山数据可视化,使工程师和决策者能够更直观地理解和分析数据。通过虚拟现实,可以将地质数据、地下设备和矿山运营数据以三维的形式展示,帮助工程师更好地理解矿山的状态和潜在问题。④水资源管理,在水资源管理中,虚拟现实技术可以用于模拟水资源的分布、流动和利用情况。通过虚拟现实设备,管理人员可以沉浸式地观察和分析水资源的状况,模拟不同水资源管理策略的效果。这有助于制订更科学和有效的水资源管理方案,提高水资源利用效率。因此,通过虚拟现实技术,人们可以更直观地理解和分析地质、油田、矿山和水资源等方面的信息,从而优化资源勘探和开发过程,提高资源利用效率。

(3)虚拟现实技术与环境监测和模拟。虚拟现实技术可以用于环境监测和模拟,通过虚拟现实技术,人们可以更直观地观察和分析环境数据,模拟和评估不同环境方案的效果,从而促进环境保护和可持续发展。具体应用如下:①环境监测,通过将传感器数据与虚拟环境结合,可以实时地监测和可视化环境参数,如空气质量、水质、气候等。这有助于环境科学家和决策者更好地理解和管理环境资源。此外,虚拟现实技术还可以用于模拟环境变化的影响,如气候变化对生态系统的影响,以便评估和制定相应的应对策略。②自然灾害模拟,虚拟现实技术可以用于模拟和预测自然灾害的发生和影响。通过创建虚拟的自然灾害场景,研究人员可以模拟地震、洪水、飓风等灾害的发展过程,并预测其对环境和人类的影响。这有助于制订应对灾害的预案和减轻灾害带来的损失。③生态保护与恢复,虚拟现实技术可以用于模拟和可视化生态系统的结构与功能。通过虚拟现实设备,保护人员可以沉浸式地观察和分析生态系统的特征与变化,模拟不同保护和恢复策略的效果。这有助于制定更科学和有效的生态保护措施,促进生态系统的健康发展。④城市规划和设计,虚拟现实技术可以用于模拟和可视化城市环境的规划和设计方案。通过虚拟现实设备,规划人员和设计师可以沉浸式地体验和评估不同规划方案的效果,包括城市布局、交通规划、绿地设计等。这有助于优化城市规划和设计,提高城市环境的质量和可持续性。

(4)虚拟现实技术与教育和培训。虚拟现实技术在资源环境领域的教育和培训中也有广泛应用。通过创建虚拟的资源环境场景,学生和从业人员可以在虚拟现实中模拟和实践各种实际操作和决策。例如:①资源勘探与开发培训,虚拟现实技术可以用于模拟资源勘探与开发的场景和操作。通过虚拟现实设备,学习者可以沉浸式地体验和练习勘探钻探、矿山开采等操作技能,模拟不同勘探和开发方案的效果。这有助于提高学习者的实践能力和决策能力。②环境监测与管理培训,虚拟现实技术可以用于模拟环境监测与管理的场景和操作。通过虚拟现实设备,学习者可以沉浸式地观察和分析环境监测数据,模拟不同环境管理策略的效果。这有助于提高学习者的数据分析和决策能力,培养环境监测与管理的专业技能。③自然灾害应对培训,虚拟现实技术可以用于模拟自然灾害的场景和应对措施。通过虚拟现实设备,学习者可以沉浸式地体验和练习应对地震、洪水、飓风等灾害的技能,模拟不同应对策略的效果。这有助于提高学习者的应急响应能力和灾害管理技能。④生态保护与可持续发展培训,虚拟现实技术可以用于模拟生态保护与可持续发展的场景和决策过程。通过虚拟现实设备,学习者可以沉浸式地观察和分析生态系统的特征和变化,模拟不同保护和恢复策略的效果。这有助于提高学习者的环境意识和可持续发展的理念。通过虚拟现实技术,学习者可以更直观地体验和练习相关技能,模拟和评估不同方案的效果,从而提高教育和培训的效果与效率。

综上所述,我们可以利用虚拟现实技术的仿真性和沉浸性等特定,将其应用于资源环境相关的工作,提高工作效率。在进一步的研究中,可以将互联网技术、大数据技术与虚拟现实技术相结合,更好地为我国的环保事业服务。

5.4.3　数字地球与资源环境

数字地球是真实地球和相关现象的统一数字再现,其核心思想是利用数字化的手段处理地球自然和社会活动的各个方面,最大限度地利用资源,使人类能通过某种方式轻松获取他们想要的地球信息。数字地球的目标是将地球上的各种地理信息整合到一个统一的平台上,以便更好地理解和管理地球上的资源和环境。通过数字地球,人们可以进行地理空间分析、模拟和预测,从而提供更好的决策支持。

数字地球具备以下特点:①综合性,数字地球技术整合了多种地学数据和信息,包括地理信息系统、卫星遥感、地球观测、测绘数据等,使得对地球的描述和分析更加全面和综合。②精确性,数字地球技术利用高精度的测量和观测数据,能够提供更加精确的地球表面特征和属性的描述。这有助于精确的地理定位、地质勘探、环境监测等应用。③动态性,数字地球技术能够捕捉地球表面和环境的动态变化。通过时间序列数据的分析和比较,可以观察和监测地球上的变化,如气候变化、土地利用变化等,为环境管理和决策提供依据。④可视化,数字地球技术可以将地球的数据和信息以可视化的方式呈现,如地图、三维模型、动画等。这样的可视化呈现有助于人们更好地理解和分析地球的复杂性。⑤大数据处理,数字地球技术需要处理和分析大量的地学数据,包括遥感影像、地理数据、传感器数据等。因此,它依赖于大数据处理和分析的方法和技术,如数据挖掘、机器学习和人工智能等。⑥跨学科性,数字地球技术涉及多个学科领域的知识和方法,如地理学、地球科学、计算机科学、统计学等。它的发展需要不同学科之间的合作和交叉融合。

数字地球并非科学术语,而是一种技术政策,它涵盖地理信息科学、地球信息科学、遥感、测绘学、计算机科学、GPS、互联网等领域,是涉及社会学、经济、政治等领域的开放系统。

地球空间信息科学是数字地球的核心,而"3S"技术(全球定位系统、地理信息系统和遥感及其集成)是地球空间信息科学的技术体系中最基础和基本的技术核心。现实变化中的地球依靠"3S"技术以数字的方式进入计算机网络系统中。目前,"3S"技术已广泛应用于全球荒漠化、气候变化、海平面变化、土地利用变化、生态与环境变化的监测等。"3S"技术因其快速、经济、方便等特点在资源动态监测及调查方面显示出极大的优势。

综上所述,我们可以从数据获取途径与技术集成两个方面来了解数字地球与传统地理信息系统的区别:①数据来源,地理信息系统主要的数据获取途径为地面测绘,而数字地球的数据来源更加多样化,可通过航天遥感、地面测绘、卫星遥感更快地获取高质量、大范围的遥感数据;②技术集成,数字地球技术融入了更多新一代信息技术如人工智能技术、虚拟现实技术、大数据技术、云计算技术、高性能计算技术等,这些技术集成提高了数字地球整合处理遥感数据的能力和效率,能够更好地满足定制化需求。总的来说,数字地球可以理解为地理信息系统的一种表现形式,地理信息系统从最开始的二维地图发展到三维地图,至今以数字地球的形式来呈现。

数字地球技术以其综合性、精确性、动态性和可视化等特点,为地球科学研究、环境管理、城市规划、资源开发等领域提供了强大的工具和方法。它在解决地球问题和推动可持续发展方面具有重要的应用价值。

数字地球技术在资源环境中的应用主要有以下四个方面。

(1) 数字地球与资源监测和管理。数字地球利用先进的遥感技术、地理信息系统和数据分析等工具,可以实时获取、处理和分析大量的地球观测数据,从而提供全面的资源监测和管理支持,如:①土地利用监测,通过数字地球平台,可以获取卫星遥感数据和GIS数据,用于监测土地利用和土地覆盖的变化。这有助于了解土地利用的趋势、变化和影响因素,为土地规划和管理提供科学依据。②森林资源管理,数字地球可以通过遥感技术获取森林覆盖和森林类型的信息,并结合其他数据如地形、土壤等进行分析。这有助于监测森林资源的健康状况、森林覆盖的变化和森林生态系统的可持续管理。③水资源管理,数字地球可以用于监测水资源的分布、水体质量和水量的变化。通过遥感数据和地理信息系统,可以进行水资源的定量评估、水体污染的监测和水资源的合理利用规划。④矿产资源管理,数字地球可以用于矿产资源的勘探、开发和管理。通过遥感数据,可以进行矿产资源的探测和评估,帮助决策者制定矿产资源的开发策略和保护措施。目前,矿产资源的寻找与开发仍是地学的核心内容。现如今,70%以上的农业生产资料、80%以上的工业原材料、95%以上的能源都来自矿产资源。半个世纪以来,我国作为一个发展中国家虽然在地质勘查方面取得了巨大的成就,但实际上我国仍处于矿产消费强度加速期。因此,地质勘查仍然是一项不可忽视的重要任务。数字地球的应用可以为地勘工作者提供大量的地质信息。在地质数据库中,收集前人在工作区内完成的物探、化探、遥感等数据信息,这些数据存储于数字地球中,应用空间分析技术和虚拟现实技术可研究工作区内的成矿特征和成矿规律。利用数字地球的空间或遥感信息开展地质调查,速度快、成本低,可在一定程度上克服恶劣自然环境的限制。⑤生态环境监测,数字地球可以用于监测生态系统的健康状况和生物多样性。通过遥感数据和地理信息系统,可以进行生态环境的定量评估、生物多样性的监测和生态系统的保护规划。⑥气候变化和环境影响评估,数字地球可以用于监测气候变化的影响和环境的脆弱性评估。通过遥感数据和模拟技术,可以模拟气候变化对资源的影响,帮助决策者制定应对气候变化的措施和适应策略。

(2) 数字地球与环境监测和评估。数字地球可以整合环境监测数据,并通过地理信息系统进行空间分析和可视化。这有助于监测和评估环境质量、污染源分布、生态系统健康等方面的信息,为环境保护和管理提供科学依据,如:①空气质量监测,数字地球可以用于监测和评估空气质量。通过遥感数据和传感器数据,可以实时监测大气污染物的浓度和分布,并结合地理信息系统进行空气质量的空间分析和预测。②水质监测,数字地球可以用于监测和评估水体的质量和污染程度。通过遥感数据和水质监测站点的数据,可以实时监测水体的水质参数,并结合地理信息系统进行水质的空间分析和模拟。③土壤污染监测,数字地球可以用于监测和评估土壤污染的程度和分布。通过遥感数据和土壤采样数据,可以实时监测土壤中的污染物含量,并结合地理信息系统进行土壤污染的空间分析和风险评估。④生态系统监测,数字地球可以用于监测和评估生态系统的健康状况和生物多样性。通过遥感数据和生态监测站点的数据,可以实时监测生态系统的指标和生物多样性,并结合地理信息系统进行生态系统的空间分析和保护规划。⑤气候变化和环境影响评估,数字地球可以用于监测气候变化的影响和环境的脆弱性评估。通过遥感数据和模拟技术,可以模拟气候变化对环境的影响,并结合地理信息系统进行环境影响评估和应对策略的制定。1960年,世界气象组织构建了世界天气监测网,用于收集和处理卫星及常规气象资料,并向世界气象组织成员发送分析和预报产品。针对在传统数据缺乏的山区、沙漠和海洋等地区数据共享水平低下的问题,世界气象组织通过制订一系列大规模环境资料收集计划来提高国际合作水平。目前,世界天气监测网有5颗静止气象卫星和2颗极轨气象卫星,可连续监测地球上各个地区的天气变化情况。

(3) 数字地球与空间规划和决策支持。数字地球提供了空间分析和可视化工具,可以帮助决策者进行空间规划和决策支持。①城市规划,数字地球可以提供城市的地理信息、土地利用、人口分布等数据,帮助城市规划师进行城市发展规划和土地利用规划。它可以模拟城市增长、交通流量、建筑物分布等,为城市规划决策提供科学依据。②环境保护,数字地球可以用于环境监测和保护。通过地球观测数据和地球模型,可以分析和评估环境状况,如空气质量、水资源、森林覆盖等。这些信息可以用于制定环境保护政策和决策。③自然资源管理,数字地球可以用于管理和保护自然资源,如水资源、矿产资源、森林资源等。通过地球观测数据和地球模型,可以监测和评估资源的状况和变化,为资源管理和决策提供支持。④农业规划,数字地球可以用于农业生产的规划和决策。通过地球观测数据和地球模型,可以分析土壤质量、气候条件、作物生长等因素,为农业生产的决策提供科学依据。精细农业是农业可持续发展的热门领域之一。精细农业的生产模式综合应用了数字地球的空间信息技术,是一种新型现代农业。精细农业既指将地理信息系统、全球定位系统、通信和网络技术、遥感、自动化技术、计算机技术等高科技与地理学、土壤学、植物生理学、生态学等基础学科有机地结合,实现在农业生产过程中对农作物、土壤、土地从宏观到微观的实时监测,实现对定期信息获取和动态分析农作物的生长、发育状况、病虫害、水肥状况及其相应的环境状况,通过诊断和决策制订农作实施计划,并在全球定位系统和地理信息系统集成系统的支持下进行田间作业的信息化现代农业。数字地球战略的实施将会达到改善生态环境、合理利用农业资源、降低生产成本、提高农作物产量和质量的目的。精细农业是数字地球战略中的一项重要工作,也是未来农业发展方向。⑤基础设施规划,数字地球可以用于基础设施的规划和决策。通过地球观测数据和地球模型,可以分析交通流量、人口分布、土地利用等因素,为基础设施规划(如道路、桥梁、水电站等)提供支持。

(4) 数字地球与公共参与和教育。数字地球可以促进公共参与和教育,提高公众对资源环境问题的认识和理解。通过数字地球平台,公众可以获取和分享资源环境信息,参与环境保护和可持续发展的决策过程。

① 公共参与,数字地球技术可以帮助公众更好地了解和参与城市规划、环境保护和社区发展等议题。通过数字地球平台,人们可以访问地理信息数据、空间分析工具和可视化技术,以更直观和交互的方式了解和参与决策过程。例如,公众可以使用数字地球应用程序浏览和提供反馈关于城市交通、土地利用和自然资源管理等方面的信息。

② 教育,数字地球在教育领域具有较大的潜力。教育机构可以利用数字地球技术提供丰富的地理信息资源和交互式学习工具,帮助学生更好地理解地理概念、地球科学和环境问题。通过数字地球平台,学生可以进行虚拟地球探索、地图制作、地理数据分析和模拟实验等活动,增强他们的地理意识和空间思维能力。数字地球在公共参与和教育方面的应用可以促进公众的参与意识和环保意识,提高人们对地理空间的理解和利用能力,推动可持续发展和社会进步。

数字地球为资源环境管理和保护提供了强大的工具和平台,可以帮助我们更好地了解、监测和管理地球的资源和环境,实现可持续发展的目标。

本 章 小 结

资源环境大数据分析形成的产品需要通过可视化如图形、图像信息等方式直观且形象地表达出来,并进行交互处理,地理信息系统、虚拟现实技术和数字地球都是可视化的手段与方式。大数据可视化有助于人们更快地分析、更好地决策、更有效地展现和理解数据结果。

参 考 文 献

[1] 刘茂华,成遣,白海丽,等.地理信息系统原理[M].北京:清华大学出版社,2015.
[2] 苗志宏,马金强.虚拟现实技术基础与应用[M].北京:清华大学出版社,2014.
[3] 张菁,等.虚拟现实技术及应用[M].北京:清华大学出版社,2011.

 拓展阅读

[1] 维克托·迈尔·舍恩伯格.大数据时代[M].杭州:浙江人民出版社,2013.
[2] 郭华东院士:数字地球的 10 年发展与前瞻_澎湃号·政务_澎湃新闻-The Paper.
[3] 数据可视化的 16 个经典案例。
[4] 绿色数治开采工艺:3D 可视化智慧矿山。

习题与思考

1. 大数据可视化的概念与内涵是什么?
2. 如何理解可视化在大数据技术中的地位?
3. 资源环境大数据可视化的内涵是什么?
4. 常见的资源环境大数据可视化技术有哪些? 其特点是什么?
5. 思考大数据可视化在资源环境领域的应用。

第6章

资源环境大数据安全

学习目标

　　了解大数据安全的内涵与大数据安全面临的挑战；了解资源环境大数据安全体系；掌握资源环境大数据安全技术和大数据备份与恢复技术。

章节内容

　　本章首先介绍大数据安全的内涵；然后阐述大数据安全面临的挑战；最后介绍资源环境大数据安全体系、安全技术及大数据备份与恢复技术。

6.1　资源环境大数据安全概述

6.1.1　大数据安全的内涵

　　随着大数据时代的到来,各行业数据规模呈 TB 级增长,拥有高价值数据源的企业在大数据产业链中占有至关重要的核心地位,现有的存储和安全措施将受到挑战。其中如何确保网络数据的完整性、可用性和保密性,不受到信息泄露和非法篡改的安全威胁影响,已成为各行各业信息化发展必须考虑的核心问题。大数据安全包括两个方面:一方面是大数据的计算过程、数据形式和应用过程中数据本身的安全问题;另一方面是在利用大数据技术提高数据信息安全效能过程中的信息系统安全[1]。

　　大数据在数据量、数据结构、数据存储和分析应用等方面与传统数据明显不同。由于大数据目标大,更容易被发现攻击,海量数据的收集也会增加关键敏感数据信息暴露和泄露的风险。另外,由于大数据分析往往需要多种类型数据的交叉引用,如何满足一些特定行业(如金融数据和医疗信息)的数据安全标准和保密要求,特别是随着数据访问量的不断增加,大数据访问的安全控制难度会成倍数增加[2]。

　　在大数据环境下,分布式单个数据和系统,因其空间和时间跨度大、价值稀疏,使得外部更难找到攻击点。由于低密度值的提取过程通常容易被攻击,因此完全去中心化是困难的。此外,数据的大小还会影响安全控制的正确操作,随着越来越多的数据被开放和交叉使用,如何在这个过程中保护用户隐私成了重要的问题。因此,为了解决大数据本身的安全问题,有必要建立统一的大数据安全架构和开放的数据服务,确保大数据计算过程、数据形式、应用价值和大数据安全。

6.1.2　大数据安全面临的挑战

大数据技术的出现给各个领域的快速发展带来了新的机遇,同时也必须面临数据信息安全这个难题。大数据技术预计将为信息安全领域的大多数产品类别带来改变市场的变化,包括信息安全事件管理、网络监控与风险、身份管理、用户身份验证和授权系统[3]。

大数据分析为对海量数据安全提供了一定的保障,能有效识别网络异常行为并快速控制数据安全风险点,最终防止不法分子的恶意攻击和信息泄露。大数据信息安全,一方面是通过宏观网络安全态势感知实现对采集的安全事件数据进行实时分析,建立网络安全指标体系,利用大数据技术并行计算和高效查询能力快速确定主机和网络的异常行为,实现安全预警的作用;另一方面是微观层面的安全威胁发现,由于高级持续威胁攻击主要在大数据中,通过全面收集网络设备上的原始流量,包括重要终端和服务器的日志信息,利用大数据分析技术快速复原整个攻击场景,进而实现大数据安全的动态防范[4]。

6.2　资源环境大数据安全体系

6.2.1　大数据安全体系整体架构

环境大数据资源中心是一个庞大而复杂的系统,包括数据采集、组织管理、分析、应用和服务。因此,有必要建立平台保障机制,实现环境大数据资源中心系统的良性运行和可操作性。保障机制是根据功能划分的机制概念。保障机制是为管理活动提供物质和精神条件的机制。大数据保障机制包括加强法律法规、标准规范建设,构建大数据组织保障机制,推进数据资源开放共享机制,提升数据开放管理水平,增强数据安全保障能力机制,加快数据应用机制的协同推进等。国务院发布的《促进大数据发展行动纲要》明确了七项政策机制。

在全面研究和风险评估的基础上,建立信息化安全政策、战略、框架、计划、实施、检查和改进的总信息安全体系大纲,并对未来一段时间内的信息安全建设提出明确的安全目标和规范。同时在整合信息安全总体纲要、现状研究、组织结构和风险评估的同时,还需进一步考虑风险管理、国内外标准、监管机构的法律法规等。最后,为了确保信息安全建设目标的实现,信息安全保障体系将以信息安全保障系统模型为基础,从安全管理、组织、技术和运维等几个方面进行构建,进一步详细地规定,最终得到信息安全体系的执行文件。

6.2.2　基于数据的安全防护层级

1. 建立数据分级分类管理机制

针对不同级别数据实施不同的保护措施应用场景和数据安全体系,以"数据分类管理、角色授权管理、场景化安全管理"为核心,合理配置数据安全保护资源和成本,建立了基于数据安全管理体系、技术体系和操作体系的数据安全体系,实现数据安全保护与开放共享的平衡与优化。

（1）数据安全保护管理系统。首先,要完善生命周期的制度体系,具体涵盖规划、管理、实施和操作等,完善风险评估、检测、认证及流程的精细化管理。其次,要明确主体责任,在日常数据管理中采用"谁管理谁负责"的原则,强化数据安全管理和约束机制,明确数据安全责任范围。最后,要加强制度执行,实施问责制评估。通过风险监测、检查、运行审计、非现场监管等方式,落实责任追究制度。对敏感数据未经授权访问、非法查询、操作等异常行为进行监督审计,并采取相应处罚措施,强化问责效果;通过逐级倒查,追究数据安全主要负责人的主体责任,强化安全责任意识,提高数据安全防控能力。

（2）数据安全保护技术体系和操作系统。坚持以数据的机密性、完整性和可用性为核心目标,在数据收集、存储、处理、传输、使用和销毁的过程中,坚持用户授权、专用性和全过程保护的原则,结合具体业务场景,构建不同场景下的数据安全动态联防联控的技术体系和数据安全运营体系,实现快速预警、事中监控阻断。

2. 强化数据安全保障体系实施

强化数据安全保障体系首先是加强对生产数据安全的全流程精细化管理。利用网络安全管理技术手段对环境数据的授权、访问等实施严格监管措施。同时,要建立安全控制策略加强数据管理。

其次是加强终端数据安全管理,包括利用终端访问、数据防泄露、零信任等技术,执行数据管理、控制访问、出站审核等,加强对数据全生命周期的安全管控,实现对生产数据或敏感数据访问的流程化和跟踪化管理,推动不同场景下安全管理的落地。电子邮件数据安全管理则主要是基于邮件和附件类别,利用邮件网关和邮件数据泄露预防系统等技术手段,对敏感数据进行实时拦截、追溯等安全管理,提高邮件数据泄露风险预警能力。针对应用程序数据防攻击、防泄露、防篡改等安全管理,应大力推进安全漏洞评估分析、整治措施,加强应用系统开发与应用管理,采用动态验证码、人脸识别、交易风险控制等技术措施进行智能监控和防范假冒应用,确保安全技术和管理措施的建设与使用同步,提高安全防护能力。

最后是开发测试数据和外部数据安全管理。针对虚拟云技术,开发测试数据不掉落终端,杜绝源代码、生产敏感数据在开发测试过程中发生泄露。针对第三方合作、外部数据合作、开源软件、开放银行外联等数据安全脆弱环节,积极探索多方安全技术研发和应用,如研究联合公民卡、运营商和其他外部机构的协作计算,探索"数据不出域、不可见、隐私不泄露、结果可共享"等智能风险控制新模式数据应用,确保数据的安全性。

6.2.3　安全体系中的安全要素

在大数据环境下,各领域的大数据安全要求正在发生变化,数据安全的保护变得越来越困难。这一过程形成了一个新的完整链条。特别是随着数据量及数据的协作式、分布式、开放式处理的持续增加,数据的安全风险更大。然而,从数据采集、数据提取、数据挖掘、数据集成到数据发布,现有的信息安全手段已经很难满足数据信息安全的需求,安全威胁逐渐成为大数据发展的关键瓶颈。本小节将重点介绍大数据安全的主要威胁。

1. 大数据基础设施安全

大数据基础设施包括计算设备、存储设备和其他基础软件。其中,大数据的应用需要高速网络来收集各种数据源,需要大型存储设备来存储海量数据,需要各种服务器与计算设备来分析和应用数据。此外,这些基础设施的特点是虚拟化和分布式。这些基础设施在开展大数据应用过程中面临着安全威胁,主要包括以下几种情况。

(1) 未经事先同意授权访问网络或计算机资源。

(2) 信息传输和存储介质中的数据泄露或丢失。

(3) 数据完整性在网络基础设施传输过程中受损。

(4) 拒绝服务攻击,导致操作系统和应用程序无法正常使用。

(5) 网络病毒传播,即计算机病毒通过信息网络传播。

2. 大数据存储安全威胁

大数据规模和应用需求的爆发性增长对存储架构和计算技术产生新的需求。大数据时代的数据非常繁杂,来源多种多样且数据量非常惊人,传统的数据存储模式已不能满足需要,亟须开发大数据存储的架构技术。大数据存储在对海量数据处理、大规模集群管理、低延迟读写速度和较低的建设及运营成本方面的安全防护一直以来都是一个重要的研究课题。在传统的数据安全中,数据存储是非法入侵的最后环节,关键是如何保证这些信息数据的安全。现阶段,大多数企业采用非关系型数据库存储大数据。

(1) 关系型数据库存储安全。关系型数据库的理论基础是 ACID 模型(原子性、一致性、隔离性、持久性),主要指事务中包含的所有操作要全做或全不做,以及在事务开始之前和结束后数据库的一致性状态,还必须保证不受其他并发执行影响,事务完成后对数据库的改变必须是永久的,且不会丢失。通常,数据结构化对于数据库开发和数据防护有着非常重要的作用,能够有效地智能分辨非法入侵数据,增强数据安全防护的效果。而关系型数据库所具有的 ACID 特性保证了数据的机密性、完整性和可用性。当然,关系型数据库也有缺点,如不能有效地处理半结构化和非结构化的海量数据,以及多维数据,且高并发读写性能低、可扩展性和可用性低、建设和运维成本高等。

(2) 非关系型数据库存储安全。由于大数据有数据量大且复杂等特点、传统关系型数据库管理技术又存在诸多问题,因此对于非结构化数据通常采用非关系型数据库实现对大数据的存储、管理和处理。与关系型数据库的 ACID 模型不同,NoSQL 技术牺牲强一致性,获得基本可用性和柔性可靠性性能,并要求达到最终一致性。由于数据多样性,NoSQL 数据存储技术并不是通过标准 SQL 语言进行访问的,其主要优点是数据的可扩展性和可用性、数据存储的灵活性。每个数据的镜像都存储在不同地点以确保数据可用性。同时,NoSQL 数据存储技术的统计能力较弱,且存在以下数据安全问题:首先,NoSQL 数据存储技术的模式成熟度不够;其次,NoSQL 产品存在客户端软件问题;最后,是数据冗余和分散性问题,在进行数据处理及容灾备份过程中难以对这些数据进行保护。

3. 大数据网络安全威胁

互联网及移动互联网的快速发展使网络安全成为大数据安全防护的重要内容,在不断地改变人们的工作、生活方式的同时,也带来严重的安全威胁,如大数据规模体量大,安全事件难以发现,安全态势难以感知,数据安全整体状况无法实时捕捉与描述等。

大数据时代的信息爆炸导致非法入侵次数和时间急剧增多,而现有的安全机制在大数据环境下仍无法对网络安全实现完全防护,且随着大数据的快速发展,对网络防御要求越来越高。另外,由于攻击技术的复杂化、多样化,其隐蔽性越来越强,对网络攻击的辨识更难。因此对于大型网络,结合广度风险与深度风险,为应对复杂的大数据网络安全威胁,除了依靠访问控制、入侵检测、身份识别等基础防御手段外,还需要开发更强的防控管理技术,能够快速感知网络中的异常事件,实现实时安全预警,保障环境大数据网络的安全[5]。

4. 大数据带来隐私问题

在大数据时代,隐私泄露成为亟须解决的问题。当前,网络上大量的用户身份信息、属性信息、行为信息数据,如果不能有效保护,极易造成用户隐私泄露。现有的隐私保护技术手段还不够完善,除了要建立健全个人隐私保护的法律法规外,还应加大隐私保护技术的研发与应用,保障个人数据隐私安全,完善用户数据保障体系。此外,大数据的多源性使来自各个渠道的数据可以用于进行交叉检验,还应推动大数据产品在个人隐私安全方面标准的制定,制定相应的行业标准或公约[6]。

大数据中的隐私泄露主要表现在以下几个方面:首先是大数据中用户无法知道数据确切的存放位置,也无法控制个人数据的采集、存储、使用,在数据存储的过程中对用户隐私权造成的侵犯;其次是大数据环境下数据的传输开放且多元化,在数据传输的过程中泄露和窃听将成为更加突出的安全威胁,对用户隐私权造成严重的侵犯;最后是大数据环境下的大量虚拟技术,以及数据保护的基础设施和加密措施相对脆弱,极易产生安全风险并威胁用户数据安全,最终对用户隐私权造成侵犯和损失。

5. 其他安全威胁

大数据除了在基础设施、存储、网络、隐私等方面面临上述安全威胁外,还面临其他安全威胁。

(1)滥用大数据的风险。一方面是大数据的准确性、数据质量及使用大数据做出的决策都会产生影响。另一方面是从公共来源收集的信息可能与需求不太相关。这些数据的价值密度很低,如果对其进行分析和使用,可能会产生无效的结果,从而导致作出糟糕的决策。

(2)大数据误用的风险。计算机技术的发展为大数据的采集和分析提供了便利,也带来了滥用或误用的风险。大数据本身的安全保护存在漏洞,攻击者也在利用大数据技术进行攻击。

(3)网络化社会使大数据成为容易攻击的目标。在网络社会中,当信息价值较高时,很容易吸引黑客攻击。另外,网络社会中的大数据包含人与人之间的关系和联系,使得黑客在成功攻击后可以获得更多的数据,一定程度上增加了攻击的收益。例如,互联网上经常出现用户账户信息被盗等连锁反应,一旦数据遭到攻击,造成的损失非常惊人。

6.3 资源环境大数据安全技术

根据大数据的特点和应用需求,数据的生命周期一般可分为采集(数据的收集和聚合)、存储(数据聚合后的存储)、挖掘(从海量数据中提取有用信息)和发布(向应用系统输出有用的信息)等环节。其中,数据采集安全问题主要是指数据聚合过程中的安全隐患;数据存储安全需要确保数据的可用性和隐私保护;数据挖掘安全则主要指需要对数据访问进行身份认证,严控权限,防止敏感信息泄露;数据发布安全则需要严格的安全审计,确保可追踪泄露的数据源。针对大数据各环节的安全风险,下面将系统地介绍大数据安全的主要技术。

6.3.1 大数据采集安全技术

数据收集过程中可能存在数据丢失、损坏、泄露等安全威胁。如何从大数据中收集有用的信息一直是大数据发展的关键问题之一。目前数据收集过程中数据加密、身份验证和完整性保护等是比较常用的安全机制。

一般来说,数据传输的安全要求包括保密性、完整性、真实性、抵御重放攻击。为满足上述安全要求,一般会采用以下手段:一是对源端的身份进行身份验证,以确保数据的真实性;二是对数据加密,以满足数据保密性的要求;三是将消息认证码附加到密文数据上,以保护数据的完整性;四是将不可重复的标识符添加到数据组中,以确保数据能抵御重放攻击。

在对要传输的原始数据进行加密和封装后,可像普通数据包一样,将数据包插入另一个数据包中并在网络上传输。这样,只有源用户与目的用户才能解释和处理通道中的嵌套信息。为满足安全传输的要求,可在数据节点和管理节点之间部署 VPN(虚拟专用网)技术。目前,相对成熟的 VPN 实用技术都有相应的协议规范和配置管理方法。这包括路由过滤、通用路由封装(GRE)、第二层隧道协议(L2F)、IP 安全协议(IPSec、IP 安全)和 SSL 等。其中 IPSec 协议提供了网络层上所有协议的安全性,因此,理论上 IPSec 协议是目前 VPN 建设的最佳选择[7]。

6.3.2 大数据存储安全技术

大数据的分析和利用不可避免地会增加数据存储过程中的安全风险。大数据与传统数据具有生命周期长、使用频繁、访问次数多的特点。此外,由于大数据的价值很高,大量黑客会窃取大数据来非法谋取利润。大数据存储的安全如果得不到保证,不仅会给企业和用户带来不可估量的后果,也将极大地限制大数据的应用和发展。

1. 隐私保护

隐私是指个人、企业、机构等不愿意被外界获取的信息,即数据所有者不愿意被披露的敏感信息。隐私的定义也会存在差别,从隐私所有者的角度,隐私可以分为两类:第一类是个人隐私,任何与可确认的个人相关且个人不愿被暴露的信息,都叫个人隐私,如身份信息、疾病信息等;第二类是共同隐私,共同隐私除包含个人的隐私还包括所有个人共同表现出但不愿被暴露的信息,如员工薪资分布特征等信息[8]。

隐私保护主要指保证数据处理过程中不发生泄露,以及更好地应用信息。目前,隐私保护领域的研究主要聚焦于如何设计隐私保护原则和算法这两方面[9]。而隐私保护技术简单来讲主要包括以下三个部分。

(1)基于数据变换的隐私保护技术。当数据所有者不希望发布真实数据时,可以通过对敏感信息进行数据变换使其部分失真后再进行发布。这种方式既使攻击者不能发现真实的原始数据,又能保持数据某些性质不变。目前,这类技术常用的有数据交换、随机化、添加噪声等。

（2）基于数据加密的隐私保护技术。为保证所有站点存储数据不重复，将数据存储到分布式环境中的不同站点。而在分布式应用环境中，为隐藏数据挖掘过程中的敏感性数据，通常会采用分布式数据挖掘、数据计算等非对称或对称加密技术。而分布式应用为保证所有站点存储数据不重复一般进行水平划分，为保证站点存储的数据不重复则通常进行垂直划分。

（3）基于匿名化的隐私保护技术。匿名化隐私保护一般采用抑制和泛化两种操作，即有选择地发布原始数据、不发布或对发布的敏感数据进行更抽象、概括的描述，以实现隐私保护。

每种隐私保护技术都存在自己的优缺点，限制发布技术能保证所发布的数据的真实性，但会存在部分信息丢失问题；数据加密变换技术则能保证最终数据的准确性和安全性，但成本较大。在大数据实际应用过程中需要根据隐私保护具体的应用场景和需求，来选择合适的隐私保护技术[10]。

2．数据加密

大数据环境下，当数据以明文形式存储于系统时，极易被入侵者破坏、修改。因此，为保证数据传输的安全，必须采取技术手段对重要数据进行存储加密处理[11]。下面主要从数据加密算法和密钥管理两个方面进行介绍。

（1）数据加密算法。根据数据敏感性，保护数据安全通常会采用数据加密算法。数据加密算法包括对称加密算法和非对称加密算法。对称加密算法的速度比非对称加密算法快很多，但其缺点是加密和解密使用同一个密钥，需要通信双方提前建立一个安全信道来交换密钥。而非对称加密算法使用两个不同的密钥，无须事先交换密钥且密钥分配协议和管理简单，但运算速度较慢。常见的数据加密算法有 DES、RSA 算法等。但在实际应用过程中这两种加密算法通常被结合起来进行数据的加密[12]。这样不仅可以对敏感数据进行按需加密存储，还可以减小加密存储对系统性能的损失。

（2）密钥管理。密钥是数据加密不可或缺的内容。密钥管理主要有密钥粒度的选择及密钥分发机制。密钥数量的多少与密钥的粒度直接相关：密钥粒度小时，可实现细粒度的访问控制，安全性更高；密钥数量大时，难以管理，但便于用户管理。密钥分发机制一般使用基于 PKI 体系的密钥分发方式对顶层密钥进行分发。大数据存储的密钥管理通常采用"金字塔式密钥管理体系"。这种密钥管理体系只需将顶层密钥分发给数据节点，数据节点只需保管少数密钥即可，效率更高。

3．备份与恢复

为保障数据不被丢失，数据存储系统应提供完备的数据备份与恢复机制，常见的备份与恢复机制主要有以下几种。

（1）异地备份。异地备份是保护数据最安全的方式。特别是在发生如火灾、地震等重大灾难时，异地备份的优势就非常明显。异地备份通常从基于磁盘阵列、基于主机方式、基于存储管理平台三方面实现[13]。

（2）数据镜像。数据镜像则是将数据保留在两个或两个以上独立的磁盘上，如果一个磁盘出现故障，数据还可以从另一个磁盘读出，以保证服务不间断。

（3）RAID(独立磁盘冗余阵列)。RAID系统则是使用许多小容量磁盘驱动器来存储大量数据,这样可以减少磁盘部件的损坏,并且使可靠性和冗余度得到增强,用户无须中断服务器即可取出存在缺陷的驱动器并进行更换,自动重建故障磁盘上的数据。

（4）快照。快照是对数据产生副本或复制品备份。当存储设备发生应用故障或者文件损坏时,快照可以在线进行数据恢复,并恢复某个可用时间点的状态。快照可实现瞬时备份,且每个磁盘快照都是对数据的一次备份。

6.3.3　大数据挖掘安全技术

数据挖掘是大数据应用的核心部分,是发掘大数据价值的过程,即从海量的数据中自动抽取隐藏在数据中的有用信息的过程,有用信息可能包括规则、概念、规律及模式等。而在发掘大数据核心价值的过程有时需要引入第三方机构,这时如何保证第三方机构不篡改、盗窃系统数据一直以来都是大数据应用进程中面临的问题。对数据挖掘者的身份认证和访问管理是需要解决的首要安全问题,下面在介绍这两类技术机制的基础上,总结其在大数据挖掘过程中的应用方法。

1. 身份认证

身份认证是计算机及网络系统确认操作者身份的过程,即证明用户身份的认证信息。常见的身份认证技术有基于秘密信息的身份认证技术、基于信物的身份认证技术、基于生物特征的身份认证技术等。基于秘密信息的身份认证技术指基于用户所拥有的秘密信息(如用户ID、口令、数字证书等)的身份认证。基于信物的身份认证技术主要有基于信用卡、智能卡、令牌等的身份认证。基于生物特征的身份认证技术主要有基于生理特征(如指纹、声音、虹膜)的身份认证和基于行为特征的身份认证等[14]。相对于传统密码信息,生物特征更难以被复制、伪造或被攻击者破解,可以克服传统密码存在的缺点,且安全性较高,同时可避免不必要的法律纠纷,具有重要的发展前景。

2. 访问控制

访问控制有自主访问控制和非自主访问控制两种模式。

（1）自主访问控制。自主访问控制是指控制主体对客体的一种自主访问权限,这种权限还可以授予其他主体。这种控制是自主的,也就是指具有授予某种访问权力的主体(用户)能够自己决定是否将访问控制权限的某个子集授予其他主体或从其他主体那里收回他所授予的访问权限。自主访问控制中,用户可以针对被保护对象制定自己的保护策略。这种机制的优点是具有灵活性、易用性与可扩展性,缺点是控制需要自主完成,这带来了严重的安全问题。

（2）非自主访问控制。非自主访问控制包括强制访问控制和基于角色的访问控制。其中强制访问控制是指计算机系统独立于用户行为强制执行访问控制,即根据使用系统事先确定的安全策略,对用户的访问权限进行强制性的控制,用户不能改变它们的安全级别或对象的安全属性。基于角色的访问控制是基于角色的访问控制策略,建立角色、权限与账号管理机制。数据库系统根据角色的访问控制方法,在用户和访问权限之间引入角色的概念,将用户和角色联系起来,通过对角色的授权来控制用户对系统资源的访问。强制访问控制的安全性比自主访问控制要高,但灵活性较差,因此,经常用于军事用途。以上两种尽管访问模式存在不同,但它们可以组合使用,实现相互兼容,防止非法用户进入系统盗取用户数据信息,保障数据资源的安全[15]。

3. 数据库安全策略

(1)关系型数据库安全策略。国标《计算机信息系统安全保护等级划分准则》(GB 17859—1999)中的《中华人民共和国公共安全行业标准》(GA/T 389—2002)中"计算机信息系统安全等级保护数据库管理系统技术要求"对数据库安全的定义:数据库安全就是保证数据库信息的保密性、完整性、一致性和可用性。其中,保密性主要是指保护数据库中的数据不被泄露或被非法获取;完整性是指保护数据库中的数据不被破坏和删除;一致性是指确保数据库中的数据满足实体完整性;可用性是指确保数据库中的数据不因人为的原因和自然的原因对授权用户不可用[16]。

数据库安全研究的目标是利用信息安全技术,实现数据库内容的机密性、完整性与可用性保护,防止非授权的信息泄露、内容篡改及拒绝服务。数据库安全通常通过存取管理、安全管理和数据库加密来实现。存取管理就是一套防止未授权用户使用和访问数据库的方法、机制和过程。安全管理是指采取集中控制或分散控制两种方式实现数据库管理权限分配。数据库加密主要通过库内加密(以一条记录或记录的一个属性值作为文件进行加密)或库外加密(整个数据库包括数据库结构和内容作为文件进行加密)实现。关系型数据库有相对完备的安全机制,大数据存储可以依赖这些安全机制,安全风险大幅降低。

(2)非关系型数据库安全策略。越来越多的企业采用非关系型数据库存储大数据,对非关系型数据库存储的安全问题的探讨十分必要。非关系型数据库主要通过事务支持来实现数据存取的原子性、一致性、隔离性和持久性,基于用户级别的权限访问控制及加密机制来保证数据的完整性和正确性。NoSQL数据库为大数据处理提供了高可用、高可扩展的大规模数据存储方案,但缺乏足够的安全保障。如NoSQL数据库暂时还无法对数据库进行完整性验证。另外,已有的大多数NoSQL数据库通过采用最终同步而非每次交易同步的方式来提高处理效率,这会影响数据的正确性。同时,目前大多数NoSQL数据库没有提供内建的安全机制,这极大地限制了它的应用范围和领域,但越来越多的人开始意识到安全的重要性,部分NoSQL产品逐渐发展并开始提供安全方面的支持。如NoSQL产品中Hadoop通过基于ACL服务级权限控制、令牌的认证机制、HDFS数据存储的完整性和一致性保证及数据传输的完整性验证4种形式的安全机制来提供安全支持[17]。

6.3.4 大数据发布安全技术

数据发布是指大数据经过挖掘、采集、分析后传输数据结果的环节,即数据"出门"环节,其安全性尤其重要。为确保传输的数据符合"不泄密、无隐私、不超限、合规约"等要求,数据发布前必须对传输的数据进行全面、严格的安全审查。下面主要介绍数据传输环节必要的安全审计技术。

1. 安全审计

再严密的审计手段也难免有疏漏之处。安全审计是指在记录与系统安全有关活动的基础上,对其进行分析处理、评估审查和计算,一旦出现机密外泄,确保能够迅速地定位到出现问题的环节、查找安全隐患实体,以便对出现泄露的环节进行封堵,追查责任者,杜绝类似问题的再次发生。目前常用的安全审计技术主要有基于日志的审计技术、基于网络监听的审计技术、基于网关的审计技术及基于代理的审计技术。

（1）基于日志的审计技术是通过 SQL 数据库和 NoSQL 数据库的日志审计功能实现对大数据的审计。首先，日志审计能够依托现有数据存储系统，对网络操作及本地操作数据的行为进行审计，且兼容性很好，但这种审计技术在数据存储系统上开启自身日志审计会对数据存储系统的性能产生很大影响，损耗较大；其次，由于缺少关键信息（SQL 语句、源 IP 等），导致审计溯源效果不好；最后，日志审计需要到每一台被审计主机上进行查看，这样就很难对审计策略配置和日志做到一致性分析。

（2）基于网络监听的审计技术关键是将存储系统数据镜像到某一个端口，再用专用设备对该端口数据进行还原并实现对数据访问的审计。这种技术的最大优点是易部署、无风险，整个处理过程不会给数据库系统性能带来负担，且不会影响数据库系统的正常运行，但是这类网络监听技术在针对加密协议时无法对内容进行审计，仅能对会话时间、源 IP、源端口、目的端口等信息进行审计。

（3）基于网关的审计技术是通过存储系统前部署的网关设备对传输的数据流量进行实时审计。这种技术最初源于互联网审计，由于数据存储环境流量大、业务连续性和可靠性要求高，在应用过程中与互联网环境有所不同，且网关审计技术目前还不能完全覆盖对所有数据访问行为的审计。

（4）基于代理的审计技术主要是通过在数据存储系统中安装审计代理实现审计策略的配置和日志的采集。但是代理审计不是基于数据存储系统本身的，存在一定的兼容性风险，在引入代理审计后，性能上的损耗较大，数据存储系统的稳定性、可靠性等性能都会受到影响，因而这种技术的应用相对较窄。

因此，在制订大数据输出安全审计技术方案时，需要从实际需求、稳定性、可靠性、可用性四个方面进行考虑和选择，实现对大数据输出的安全审计。

2. 数据溯源

数据溯源是一个新兴的研究领域，诞生于 20 世纪 90 年代，被普遍理解为追踪数据的起源和重现数据的历史状态，目前还没有公认的定义。在大数据应用领域，数据溯源主要通过对数据应用各个环节进行标记并基于数据集溯源模型和方法，在发生数据安全问题时及时、准确地追踪问题的环节和责任来解决数据安全问题。目前，数据溯源的主要研究方法有标注法和反向查询法，但在数据库、工作流等方面仍不成熟，没有统一的标准，目前大多数溯源系统都还只是在一个独立的系统内部实现，无法在多个分布式系统之间进行溯源管理。

数字水印技术是信息安全领域常用的数据溯源技术，将一些标识信息（如数字水印）直接嵌入数字载体中，通过这些隐藏在载体中的标记信息可以确认数据信息或者判断载体是否被篡改。数字水印具有不可感知性、强壮性、可证明性、自恢复性、安全保密性等特征。数字水印利用隐藏标识的方法，不损害原数据，只需通过特殊的阅读程序进行读取，基于数字水印篡改提示确定数据泄露的源头并及时进行处理，即可达到对数据进行标记溯源的目的，是目前大数据应用领域解决数据溯源问题最为理想的技术途径[18]。

6.4　资源环境大数据备份与恢复

备份与恢复虽然是一个老话题,但是没有好的备份与恢复策略、技术和流程,数据及应用还是空谈,大数据的安全更是无从谈起。

大数据离不开集群,而且各个节点尽可能使用成本相对较低的设备,出现故障在所难免。每个大数据从业者都十分清楚,对一个可使用的体系的基本要求是数据安全,应用能跑起来,出了问题能够迅速恢复。大数据以海量数据为最大特征,再加上多格式,这就对大数据的备份与恢复提出了更高的要求。

6.4.1　数据备份

数据备份是指为防止数据损失,将某些重要的数据资料从应用主机转移存储到其他介质上的周期性过程。它用于保证当数据因意外造成丢失或损坏时,可以恢复到原来的状态,从而保持数据的一致性和业务的正常进行。数据备份主要解决的是数据的可用性和安全性问题,主要目的是完成数据恢复。恢复才是备份的关键所在,不能恢复的数据备份是没有意义的。

数据备份系统的组成主要包含备份源系统、备份管理器和备份存储系统三部分。其中备份源系统是备份数据的来源,主要负责从需要备份的客户端或者服务器中选取备份的数据一致性和及时更新,确保出现意外时重要数据不会丢失。备份管理器是备份系统的核心,包括管理备份的软硬件资源,主要负责管理备份的确定和运行,提供数据备份管理、数据库备份管理、历史记录追踪、数据迁移及数据恢复等功能。备份存储系统是备份数据最终的目的地,主要负责备份数据的存储,提供设备管理和介质管理。目前,用于备份的存储介质主要有磁盘阵列、磁带等存储介质。

数据备份有多种表现形式,标准不同,分类也有明显不同:①按保障内容可分为数据级备份和应用级备份;②按备份主机与存储介质的距离可分为本地备份和远程备份;③按存储介质可分为磁盘备份、磁带备份和光盘备份;④按备份时间可分为实时备份和定时备份;⑤按备份的自动化程度可分为手动备份和自动备份;⑥按备份数据的在线状态和备份的实时性可分为冷备份和热备份;⑦按备份对象可分为物理备份和逻辑备份。

数据备份策略是备份系统的重要组成部分,包括确定备份内容、备份时间及备份方式等几个方面。常见的备份策略有完全备份、增量备份、差异备份三种。①完全备份操作最简单,备份数据最完整、最全面。只需对系统中的所有指定数据进行一次整体备份,当发生数据灾难时,再对最近一次全备份数据进行恢复即可。但是这种备份工作量相对较大、花费时间较长,还会出现频繁的完全备份,这会产生很多重复数据,占据磁盘空间,成本较高。因此,完全备份不适用于那些备份频繁、时间有限的应用场景。②增量备份不同于完全备份,只需备份上次备份后更新或发生改变的数据。这种备份克服了完全备份的一些缺点,每次备份数据相对较少、速度快、占用磁盘空间小。但是当发生数据灾难时,这种备份策略的缺点也十分明显,数据恢复需要最近一次的完全备份和之后所有增量备份的文件,且需要按顺序恢复,否则数据恢复就会不完整。③差异备份是指备份上一次完全备份后发生改变的所有数据。相较于完全备份,差异备份只备份发生改变的数据,当发生数据灾难需要恢复时只需要一次完全备份和最近一次差异备份的数据即可。这样备份的数据量明显减小,且恢复操作更简单。尽管如此,差异备份仍然有其不足之处:差异备份需要备份完全备份后发生改变的数据,每次备份还是会重新备份上次差异备份的数据,占用大量额外磁盘空间。

以上三种备份策略的选择都需要考虑实际的情况,包括成本、时间、效率等。如在数据量较小且更新不频繁的情境下可以选用差异备份的方式。而当数据更新频繁、更新量大时就可以考虑增量备份或者增量备份与差异备份相结合的方式。

6.4.2　数据恢复

数据恢复通常被认为是数据备份的逆过程,是指在数据出现损坏或者丢失时,通过手工操作的方式将其恢复到备份时的状态。常用的恢复操作有"完全恢复、选择性恢复和重定向恢复"三种类型。数据恢复时需要选择恢复的数据及恢复后存放的节奏。其中,完全恢复是指发生数据损坏或丢失时将备份数据全部进行恢复操作;选择性恢复是指仅从备份数据中恢复丢失的数据资料;重定向恢复则是恢复到初始备份不用的位置。数据恢复在整个备份系统中占据很重要的地位,直接关系到灾难发生后数据的可用性。

6.4.3　备份冗余技术

在分布式存储系统中,一般通过服务冗余、数据冗余来满足可靠性、可用性需求。服务冗余一般包括主备冗余、双活冗余、多分布冗余。主备冗余一般只有主节点对外提供服务。主备冗余之间通常采用日志的方式进行状态同步,当主节点发生故障时,备用节点切换成主节点进行服务。双活冗余是主备模式的演进,两个节点都对外提供服务,其间的状态实时同步,当任意一个节点发生故障时,另外一个节点仍能对外提供服务。多分布冗余一般是指多台服务器对外同时提供服务,彼此之间不知道对方的存在,当其中某些服务出现故障时,其他服务不会受到影响,整个系统还能实时对外提供服务。数据冗余的主要目的是防止出现故障时造成数据丢失,目前业界主流的冗余技术有多副本和纠删码两种。

6.4.4　故障检测与恢复

分布式存储系统中故障检测方式分为中心化检测机制和去中心化检测机制两大类。中心化检测机制中,所有节点定期地向中心节点发送状态信息,一旦节点出现故障,那么中心控制节点就会将其标记为故障,并在集群进行广播。在去中心化检测机制中,各节点都相当于中心,相互之间传播自己的状态或其他节点的状态,一旦某个节点发生故障,就会被其他节点标记为故障,并在集群进行广播。

无论是中心化检测机制还是去中心化检测机制,检测到故障节点后,都会进行相应恢复。在分布式存储系统中,节点恢复一般通过状态同步和数据同步来完成。

(1) 状态同步。故障节点在故障恢复后需要重新同步自己在集群中的状态。在中心化的系统中,故障节点在恢复时首先要跟中心控制节点建立心跳关系,并获取集群的拓扑、复制关系等;而在去中心化的系统中,则通过向其他节点推送和获取集群拓扑、复制关系达到状态的同步。

(2) 数据同步。在状态同步后,当故障节点上的数据与系统中其他节点上的数据不一致时,需要从其他节点那里复制故障期间遗漏的数据,使其跟其他节点进行数据同步。此时,节点才算是真正恢复。通常而言,系统都要求故障节点在数据同步之后才能对外提供服务,部分特殊的系统在完成状态同步后就让节点对外提供服务。

本 章 小 结

随着国家对大数据应用需要的不断加深,大数据安全的研究和实践开始变得更加重要。本章重点介绍了大数据安全的内涵,随后引出了各领域的大数据安全需求,以及面临的主要威胁,最后围绕大数据应用的整个生命周期,简单介绍了大数据安全技术的主要研究方向,并着重分析了每个环节的安全关键技术。

大数据的核心价值在于从海量的复杂数据中挖掘出有价值的信息,通过大数据技术进行更快的分析、更准确的预测。目前,包括政府组织、科研机构、企事业单位等在内的各方力量正在积极推动大数据安全标准制定和产品研发,最终构建一个以数据为中心的社会。而建立完善的信息安全保障体系,提高大数据安全技术和信息安全防护整体防范水平,抢占发展基于大数据的安全技术先机,归根结底要依赖信息安全技术[19],通过本章的学习可以对数据安全关键技术有一个大致的了解。

参 考 文 献

[1] 陈如明.大数据时代的挑战、价值与应对策略[J].移动通信,2012,36(17):14-15.

[2] 李国杰,程学旗.大数据研究:未来科技及经济社会发展的重大战略领域——大数据的研究现状与科学思考[J].中国科学院院刊,2012,27(6):647-657.

[3] 郭三强,郭燕瑾.大数据环境下的数据安全研究[J].科技广场,2013(2):28-31.

[4] 孟小峰.大数据管理:概念、技术与挑战[J].计算机研究与发展,2013,50(1):146-169.

[5] 李满意.大数据安全[J].保密科学技术,2012,9:71-72.

[6] 李宁,朱青.大数据模式分解的隐私保护技术研究[J].计算机科学与探索,2012,6(11):961-973.

[7] 包丽红,李立亚.基于SSL的VPN技术研究[J].网络安全技术与应用,2004(5):38-40.

[8] 周水庚,李丰,陶宇飞,等.面向数据库应用的隐私保护研究综述[J].计算机学报,2009,32(5):847-862.

[9] 贾哲.分布式环境中信息挖掘与隐私保护相关技术研究[D].北京:北京邮电大学,2012.

[10] 苏国强.隐私保护技术在数据挖掘中的应用研究[D].阜新:辽宁工程技术大学,2012.

[11] 刘艮,蒋天发.同态加密技术及其在物联网中的应用研究[J].专题研究,2011(5):61-63.

[12] 胡绍忠,陶秋香,杨国军.同态加密技术在云环境数据传输中的应用[J].科技通报,2012,28(12):91-93.

[13] 胡光勇.基于云计算的数据安全存储策略研究[J].计算机测量与控制,2011,19(10):2539-2541.

[14] 李程.数字签名技术综述[J].电脑知识与技术,2009,5(10):2559-2561.

[15] 侯清馋,武永卫,郑纬民,等.一种保护云存储平台上用户数据私密性的方法[J].计算机研究与发展,2011,48(7):1146-1154.

[16] 吴溥峰,张玉清.数据库安全综述[J].计算机工程,2006,32(12):85-88.

[17] 余琦,凌捷.基于HDFS的云存储安全技术研究[J].计算机工程与设计,2013,34(8):2700-2705.

[18] 魏丽丽.数字水印技术的研究和应用[D].西安:西安工程大学,2016.

[19] 潘柱廷.高端信息安全与大数据[J].信息安全与通信保密,2012(12):19-20,28.

拓展阅读

[1] 张尼,等.大数据安全技术与应用[M].北京：人民邮电出版社,2014.

[2] 李智勇,等.大数据时代的云安全[M].北京：化学工业出版社,2015.

[3] 朱洁,等.大数据架构详解：从数据获取到深度学习[M].北京：电子工业出版社,2016.

[4] 姚建波,杨朝琼.大数据安全与隐私[M].北京：清华大学出版社,2017.

[5] 张尼.大数据安全技术与应用[M].北京：人民邮电出版社,2014.

[6] 佐佐木达也.大数据技术及应用教程[M].罗勇,译.北京：清华大学出版社,2018.

[7] 公众号：大数据安全、大数据安全技术学习.

[8] 网站：https://www.csdn.net/?spm=1001.2101.3001.4476.

习题与思考

1. 数据安全的定义是什么？数据安全有哪些特点？

2. 大数据的安全保障技术与传统数据安全保障技术存在哪些异同？

第7章

资源环境大数据保障体系

学习目标

　　了解当前资源环境大数据标准现状；了解资源环境大数据标准体系框架的内容；了解信息化建设管理办法的发展；了解信息化测试管理及验收规范；了解资源环境大数据运维体系。

章节内容

　　本章首先介绍当前资源环境大数据标准现状和资源环境大数据标准体系框架的内容，然后介绍信息化建设管理办法的发展和信息化测试管理及验收规范，最后讲解资源环境大数据运维体系。

7.1　资源环境大数据标准体系

7.1.1　资源环境大数据标准现状

　　当前，许多国家的政府和国际组织将开发利用大数据作为夺取竞争制高点的重要抓手，实施大数据战略，大数据标准研制已经成为国际各标准化组织关注的热点。然而大数据标准尚处于初期发展阶段。国际大数据标准化工作主要集中在 ISO/IEC JTC1/WG9 大数据工作组。ISO/IEC JTC1/SC32 数据管理和交换分技术委员会和国际电信联盟电信标准分局也在从事大数据标准化相关的工作。目前，大数据标准化工作较系统地开展的国家主要包括美国和中国。美国国家标准与技术研究院在 2013 年 6 月建立了大数据公共工作组，聚焦于开发大数据互操作性框架。中国在 2014 年 12 月 2 日由工业和信息化部信息化和软件服务业指导成立了全国信息技术标准化技术委员会大数据标准工作组，全面开展我国大数据标准化工作。

　　党中央、国务院高度重视大数据发展，将大数据上升为我国国家战略之一。党的十九大中明确提出"推动互联网、大数据、人工智能和实体经济深度融合"。国务院《促进大数据发展行动纲要》(国发〔2015〕50 号)明确指出要"建立标准规范体系"。工信部 2017 年年初发布的《大数据产业发展规划(2016—2020 年)》(工信部规〔2016〕412)中部署了"推进大数据标准体系建设,加强大数据标准化顶层设计,逐步完善标准体系,发挥标准化对产业发展的重要支撑作用"的重点任务。2017 年 5 月 14 日,国家主席习近平在"一带一路"国际合作高峰论坛上发表讲话"要坚持创新驱动发展,加强在数字经济、人工智能、纳米技术、量子计算机等前沿领域合作,推动大数据、云计算、智慧城市建设,连接成 21 世纪的数字丝绸之路。"2017 年 12 月 8 日,习近平总书记在中共中央政治局第二次集体学习时强调"实施国家大数据战略加快建设数字中国"。2016 年,在工信部信软司和国标委工业二部的指导下,中国电子技术标准化研究院组织国内相关产、学、研单位的专家针对大数据应用、产业、技术与标准化需求进行了问卷调研。通过对调研数据的分析,初步形成了对于大数据应用、技术、产业发展以及标准化需求的分析成果。30 家单位共同编制形成并发布了《大数据标准化白皮书》(2016 版)。2018 版白皮书在 2016 版的基础上更新了大数据政策,分析了大数据发展的最新趋势和重点领域的应用实践,完善了大数据标准体系,给出了最新的大数据标准化工作建议,大数据标准相关成果的推进在本版本中也有所体现。

大数据领域的标准化工作是支撑大数据产业发展和应用的重要基础,为了推动和规范我国大数据产业快速发展,建立大数据产业链,与国际标准接轨,在工业和信息化部、国家标准化管理委员会的领导下,社会各界朋友关心支持之下,2014 年 12 月 2 日,全国信标委(全国信息技术标准化技术委员会)大数据标准工作组正式成立。2016 年 4 月,全国信安标委大数据安全标准特别工作组正式成立。

全国信标委大数据标准工作组主要负责制定和完善我国大数据领域标准体系,组织开展大数据相关技术和标准的研究,申报国家、行业标准,承担国家、行业标准制修订计划任务,宣传、推广标准实施,组织推动国际标准化活动。对口 ISO/IEC JTC1/WG9 大数据工作组。工作组组长由北京理工大学副校长梅宏院士担任,副组长为中国电子技术标准化研究院副院长孙文龙、中国人民大学教授杜小勇、华为 IT 技术开发部部长吴建明、阿里云首席科学家闵万里。秘书处设在中国电子技术标准化研究院。秘书长为中国电子技术标准化研究院信息技术研究中心副主任吴东亚。联络员为国家标准化管理委员会工业二部刘大山处长、工业和信息化部信软司傅永宝调研员和工业和信息化部电子信息司侯建仁处长。根据大数据产业发展现状和标准化需求,为更好地开展相关标准化工作,2017 年 7 月,工作组在第二届组长会议上决议下设 7 个专题组,包括总体专题组、国际专题组、技术专题组、产品和平台专题组、工业大数据专题组、政务大数据专题组和服务大数据专题组,负责大数据领域不同方向的标准化工作,相继完成《信息技术大数据术语》《信息技术大数据技术参考模型》《多媒体数据语义描述要求》《信息技术数据溯源描述模型》《信息技术科学数据引用》等标准。

全国信息安全标准化技术委员会大数据安全标准特别工作组组长由清华大学软件学院院长王建民教授担任,副组长为四川大学网络空间安全研究院常务副院长陈兴蜀教授,秘书为清华大学软件学院金涛博士。2016 年和 2017 年相继开启《大数据服务安全能力要求》和《个人信息安全规范》《数据安全管理指南》《数据安全能力成熟度模型》《数据交易服务安全要求》《个人信息去标识化指南》《数据出境安全评估指南》《个人信息安全影响评估指南》《大数据基础软件安全技术要求》《数据安全分类分级实施指南》《大数据业务安全风险控制实施指南》《区块链安全技术标准研究》等标准研究项目。

中国通信标准化协会是国内开展通信技术领域标准化活动的非营利性法人社会团体。目前该协会有 TC1 WG6 工作组专门从事大数据方面的标准化工作,重点研究大数据技术产品标准化,数据资产管理制度、工具,数据开放与流通交易相关等方面的标准规范。除此之外,还有 TC8 下的多个工作组也在开展大数据安全方面的标准规范研究。目前已经有多项电信互联网大数据管理、大数据处理、大数据平台测试等方面的标准规范正在编制过程中。

各地发展大数据产业各有特色,上海市、广东省、湖北省、山东省、贵州省、四川省、陕西省、江苏省、内蒙古自治区等地方形成 30 余项地方标准,主要集中于资源开放共享、政务大数据领域、重点行业等。如贵州省出台的《政府数据 数据分类分级指南》《政府数据 数据脱敏工作指南》《贵州省政府数据 第 1 部分:元数据》等;成都就数据采集、数据共享、数据开放和安全方面制定了项目标准,目前正在修订四川省(区域性)地方标准《成都市政务信息资源交换标准体系》;湖北省发布了《政务数据服务度量计价规范》;陕西省也在平台、应用、管理、隐私等方面开展大数据标准体系的建设工作,并重点在气象、铁路、车联网、城市运行管理等行业应用方面组织大数据标准研究。

为贯彻落实《国务院关于印发促进大数据发展行动纲要的通知》(国发〔2015〕50 号)精神,积极开展生态环境大数据建设与应用工作,2016 年,生态环境部办公厅组织编制了《生态环境大数据建设总体方案》。其中总体框架为"一个机制、两套体系、三个平台"。两套体系即组织保障和标准规范体系。2018 年生态环境部制定了环境信息元数据标准,规定了环境信息元数据标准框架,对对象类、特性、分类方案、值域、数据元概念、数据元、数据集规范、术语、指标、数据集、质量声明共 11 个管理项的元数据进行了规范。

7.1.2 资源环境大数据标准体系框架

2015 年,美国国家标准与技术研究院发布了《大数据互操作框架第 6 卷:参考架构》,描述了大数据参考架构的总体框架。2016 年,全国信息技术标准化技术委员会大数据标准工作组发布了《大数据互操作框架第 6 卷:参考架构》,提出了我国的大数据参考架构。该参考架构简化了大众对大数据复杂性操作的认识,中立于供应商,独立于技术和基础设施方面,为大数据标准化提供基本参考点,为大数据系统的基本概念和原理提供了总体框架,为利益相关者提供交流大数据技术的通用语言,鼓励大数据实践者遵守通用标准、规范和模式[1]。大数据标准体系通常由七个类别的标准组成:基础标准、数据标准、技术标准、平台和工具标准、管理标准、安全和隐私标准、行业应用类标准。

基础标准为整个标准体系提供基础性标准包括总则、术语、参考模型等。数据标准主要对底层数据相关要素进行规范。数据标准包括数据资源和数据交换共享两部分,数据资源包括元数据、数据字典和数据目录等,数据交换共享包括数据交易和数据开放共享相关标准。技术标准主要对大数据相关技术进行规范,包括大数据集描述及评估、大数据处理生命周期技术、大数据开放与互操作、面向领域的大数据技术四类标准:大数据集描述及评估标准主要对不同数据的多样化、差异化、异构异质的建立标准的度量方法,以衡量数据质量,同时研究标准化的方法对多模态的数据进行归一化处理,根据我国国情,制定相应的开放数据标准,以促进政府数据资源的建设;大数据处理生命周期技术标准针对大数据产生到使用终止这一过程中的关键技术进行标准制定,包括数据产生、数据存储、数据分析、数据安全与隐私管理等阶段的标准制定;大数据开放与互操作标准针对不同功能层次功能系统之间的互联与互操作机制、不同技术架构系统之间的互操作机制、同质系统之间的互操作机制的标准化进行研制;面向领域的大数据技术标准主要针对电力行业、医疗行业、电子政务等领域或行业的共性且专用的大数据技术标准进行研制。平台和工具标准针对大数据相关平台和工具进行规范,包括系统级产品和工具级产品两类,其中系统级产品包括,数据仓库产品,据集市产品,数据挖掘产品,全文检索产品,图计算和图检索产品等;工具级产品包括预处理类产品、存储类产品、数据库产品、应用分析智能工具、平台管理工具类产品的技术、功能、接口等进行规范。管理标准是数据标准的支撑体系,贯穿于数据生命周期的各个阶段。该部分主要是对数据管理、运维管理和评估三个层次进行规范:数据管理标准包括数据管理能力模型、数据资产管理及大数据生命周期中处理过程的管理规范等;运维管理包含大数据系统管理及相关产品等方面的运维及服务等方面的标准;评估标准主要包括设计大数据解决方案评估、数据管理能力成熟度评估等。数据安全和隐私保护作为数据标准体系的重要部分,贯穿于整个数据生命周期的各个阶段。除了传统的数据安全和系统安全外,还应在基础软件安全、交易服务安全、安全风险控制、电子货币安全、安全能力成熟度等方向进行规范。行业应用类标准针对大数据为各个行业所能提供的服务角度出发制定的规范。该类标准指的是各领域根据其领域特性产生的专用数据标准,包括工业、政务、服务等领域。

7.2　资源环境大数据运维体系

7.2.1　运行维护设计

资源环境大数据运维是指对互联网资源环境大数据信息系统进行运行与维护的工作。在现代社会中,大数据已经成为企业和组织决策的重要依据,而资源环境大数据则是指与资源环境相关的大数据信息。这些信息包括了基础设施、硬件设备、操作系统、终端设备和知识库资料等。通过对这些数据信息进行研发、测试和系统管理,技术部门能够支撑信息系统的运维工作,从而保证其高效、顺利地进行。

在资源环境大数据运维中,基础设施数据和硬件设备数据是其中最基本的部分。基础设施数据主要包括机房的内部环境参数,如温湿度、机房空调、UPS功率等,还包括摄像记录等。而硬件设备数据则包括设备的配置参数,如设备内存、硬盘、电源等,也包括设备的上线日期、保修时间、维修记录等。这些数据的收集和维护对于保障系统的正常运行至关重要。

此外,资源环境大数据系统的知识库也需要进行运维。在运维的管理制度中,系统知识库的运维数据主要包括应急预案、巡检和故障优化等。这些数据之间的关系非常重要,除了关系型数据外,还有非关系型数据,如文件、图片等。运维数据之间相互影响与制约,通过对这些数据进行管理,能够提升系统的运行效率和安全性。

除了基础设施、硬件设备和知识库数据外,资源环境大数据信息系统还需要对密码、黑名单等安全设备数据,防病毒软件、基础软件等基础软件数据,以及连接设备、宽带等网络数据进行运行维护。在资源环境大数据信息系统运维的过程中,数据信息的安全是首要前提。为保护信息安全,在违规操作、信息盗用之前,能够做到及时阻止是非常重要的。

因此,在资源环境大数据信息系统运维的过程中,需要建立完善的数据采集、处理和安全展现的系统。首先,通过整理内部数据信息,形成数据采集层,确保数据的完整性和准确性。其次,通过数据分析处理层,对数据进行分析和处理,从中获取有价值的信息。最后,通过安全展现层,对危险数据进行阻止,保证信息的安全性。

除内部数据外,外部数据也需要进行安全管控。例如,对于 USB 接口等外部数据的使用需要进行严格的安全管理,防止数据泄露和恶意操作。

在资源环境大数据信息系统运维过程中,网管软件对系统的优化起着重要作用。在设备管理过程中,网管软件能够对服务器进行深入检测,并对应用系统进行管理。网管软件的使用界面不仅可以对信息进行远程操控和管理,还可以对软件进行归纳整理,提高工作效率。现阶段,一系列流行的网管软件操作简单,方便后期维护,提高了工作效率。通过网管软件,可以全面地检测每一个网络的关键应用,并提供故障图,从而助力管理人员能够及时定位和分析问题,保证机器的正常运行。

随着科技的不断发展,资源环境大数据运维也在不断演变。创新技术和可视化工具的应用可以为系统的高效正常运行提供帮助。例如,通过数据可视化技术,能够将复杂的数据信息转化为直观、易于理解的图表和图像,使运维人员能够更加直观地了解系统的运行情况,提高工作效率。另外,人工智能、大数据分析等新技术的应用也为资源环境大数据运维带来了新的发展机遇。

总之,资源环境大数据运维是保证互联网资源环境大数据信息系统高效运行的重要环节。通过对基础设施、硬件设备、知识库资料等数据的研发、测试和系统管理,以及采用创新技术和可视化工具,能够提高系统的运行效率和安全性,为企业和组织提供更好的决策支持。

7.2.2　维护制度与流程

建立先进的、高效的一体化资源环境大数据运维管理体系,是当前亟须解决的重大课题之一。随着资源环境大数据的快速发展,运维管理制度的不完善、监控手段的不足、运维能力的不足、运维质量和信息安全的问题亟待解决。为实现资源环境大数据信息系统的稳定、高效和可持续运行,需要在运维管理制度建设、运维监控手段、运维能力提升、运维质量和信息安全保障等方面采取有效措施。

第一,资源环境大数据运维管理制度的建立至关重要。当前存在长期"重应用、轻管理"的观念,导致资源环境大数据应用系统的运维管理制度建设滞后。许多应用系统的运维管理制度仍然是单独制定的,没有与整个资源环境大数据信息系统有机地结合起来。此外,应用系统间的内容也存在重复甚至冲突的情况。为解决这些问题,需要建立完善的运维管理制度,将运维管理办法与整个资源环境大数据信息系统有机地结合起来。这样可以确保运维工作有章可循、有据可查,为维护人员的执行情况提供量化考核,并提高解决问题的速度和质量。

第二,资源环境大数据运维监控手段的不足是一个亟待解决的问题。当前的运维监控手段缺乏对系统数据库、资源和网络等占用情况的有效监控,导致运维人员无法主动预警,长期处于被动"救火"的状态。为了解决这个问题,需要提供有效的运维监控工具和手段,使运维人员能够及时了解系统的运行状况。这样可以提高运维工作的效率,缩短系统故障和停机时间,从而保证资源环境大数据信息系统的稳定运行。

第三,资源环境大数据运维能力的提升是必不可少的。由于新技术的不断更新迭代,运维人员对这些新技术的掌握不足,导致运维工作主要依靠经验。为提升运维能力,需要为运维人员提供培训和学习机会,使他们能够掌握最新的运维技术和工具。此外,还需要建立一个学习和交流平台,促使运维人员之间的知识共享和经验互补,从而提高整体运维能力。

第四,资源环境大数据运维质量和信息安全的保障是一个重要的问题。资源环境大数据信息系统的建设通常涉及多方系统供应方和开发方,由于缺乏统一的信息安全运维标准,很难明确各方在运维过程中的责任和范围,从而造成信息资源存在安全隐患。为了解决这个问题,需要建立统一的信息安全运维标准,明确供应方和开发方在运维过程中的责任和范围。同时,需要加强信息安全意识和技术培训,提高运维人员的信息安全保障能力,确保资源环境大数据信息系统的安全运行。

资源环境大数据信息系统的运维在现代企业和组织中起着至关重要的作用。有效的运维管理可以实现对业务系统的全面监控,实时反映信息系统资源的运行状况,确保关键网络、数据库等重要信息处于良好的运行状态。此外,它还可以及时掌握资源的运行状况,为后续的信息分析、系统优化和决策等工作提供支持,提高工作效率和决策质量。有效的运维管理还可以制定完善的运维管理流程和制度,在相关先进技术手段的支撑下,形成相互监控、相互制约和相互保障的运维工作流程,进一步减少人为错误,保障资源环境大数据业务系统的稳定、高效和持续运行。

资源环境大数据系统的运维工作需要运维人员按照统一的运行维护制度进行操作,采取有效的支持工具,遵循规定的流程完成系统的运行维护工作,以保证系统的安全和高效运行。运行维护制度的建立可以使运维工作有章可循、有据可查,可以对维护人员的执行情况进行量化考核,对其工作进行综合评比。通过制度的约束,可以规范运行维护操作,使运维工作流程化、工作人员职责角色清晰化,从而提高问题解决的速度和质量,并使各保障部门之间的相关支持信息更为明晰,使支持服务的信息更为完整和有效。

在资源环境大数据信息系统的运维管理中,除保障部门的重要性外,还需要进行制度建设、流程约束、队伍建设和安全体系等方面的工作,以保证运维工作的有序进行。首先,制度建设是运维管理的重要保证之一。通过建立完善的运维管理制度,可以对运维工作进行规范和指导,确保各项工作按照规定的标准和流程进行,维护系统的正常运行。其次,流程约束是根据制度建设来规范运行维护操作的一种方式。通过建立明确的操作流程和工作手册,可以使运维工作流程化、工作人员职责角色清晰化,从而使解决问题的速度和质量都可以得到有效提高,并且可以使保障部门之间的相关支持信息更为明晰,使支持服务的信息更为完整和有效[2]。

此外,在资源环境相关单位的架构中,顶层机构扮演着重要的角色。顶层机构需要对资源环境大数据信息系统进行整体的规划,并建立资源环境大数据全局性的运行维护制度,统一部署和规范资源环境大数据运行维护中原则性和全局性的内容。中层、下层机构则需要结合本地区实际情况来制定相应的资源环境大数据运行维护实施细则、操作流程及其手册,对日常生产运行管理工作进行细化。

资源环境大数据运维管理制度需要在长时间的运行维护过程中不断补充和完善。随着技术的不断发展和用户需求的不断变化,运维管理制度和流程也需要不断优化和完善,以适应新的运维需求和挑战。同时,对日常生产和运行管理工作的流程也需要不断细化,以提高运维工作的效率和质量,为高效的运行维护提供保障。

综上所述,资源环境大数据信息系统的运维具有重要的作用。通过全面监控、及时掌握运行状况和制定完善的运维管理流程和制度,可以保障系统的稳定、高效和持续运行。运维工作人员需按照运行维护制度,采取有效的支持工具,并遵循规定的流程完成工作,以确保系统的安全和高效运行。制度建设、流程约束、队伍建设和安全体系等要素也是保障运维工作有序进行的重要因素。资源环境大数据运维管理制度和流程需要不断完善和优化,以适应不断变化的需求和挑战,为高效的运行维护提供保障。

7.3 资源环境大数据管理体系

7.3.1 信息化建设管理办法

信息化的概念起源于 20 世纪 60 年代,由日本学者梅棹忠夫提出,之后被翻译成英文传播到西方。1997 年,我国首届信息化工作会议对信息化和国家信息化做了定义"信息化是指培育、发展以智能化工具为代表的新的生产力并使之造福于社会的历史过程。国家信息化就是在国家统一规划和组织下,在农业、工业、科学技术、国防及社会生活各个方面应用现代信息技术,深入开发广泛利用信息资源,加速实现国家现代化进程"。2006 年,《2006—2020 年国家信息化发展战略》正式给出了对"信息化"概念,"信息化是充分利用信息技术,开发利用信息资源,促进信息交流和知识共享,提高经济增长质量,推动经济社会发展转型的历史进程"。

环境信息化是国家信息化重要的组成部分,是指充分利用环境信息技术,开发应用环境信息资源,促进环境信息交流和共享,推动环境保护发展转型和改进决策管理的历史性进程。我国环境信息化起步于"七五"期间,不同阶段体制机制改革和相关政策演变,促进了环境信息化发展从传统模式逐步迈向网络化、数字化、信息化、智慧化[3]。

初步探索阶段(1988—1996 年),环境污染开始显现,典型环境问题是城市河流水质变差。此阶段资源环境信息化主要是指办公自动化初步探索阶段,基础设施薄弱,数据资源缺乏,安全管理、标准规范等均属空白。在线监测开启了资源环境信息化。1982 年 10 月,国务院成立计算机与大规模集成电路领导小组;1984 年,改为国务院电子振兴领导小组,这意味着我国信息化管理体制机制开始建立。1996 年,国家环境保护局在中日友好环境保护中心设立信息中心,加挂"国家环境保护局信息中心"牌子,并发布《排污口规范化整治技术要求(试行)》,要求列入重点整治污染水排放口要按照流量计,这就是最初的在线监测系统,它的目的是促进排污单位加强经营管理和污染治理,加大环境执法力度,逐步实现污染物排放科学化、定量化管理。我国"七五"期间重点开展的十二项应用系统工程,为我国信息化及环境信息化建设奠定了技术和社会基础。

逐步完善阶段(1997—2010 年),是我国环境质量从"总体恶化、局部改善"走向"不再恶化"的关键时期。物联网、互联网、移动通信技术等技术的兴起为环境信息化应用提供了有利的外部条件。环境保护部发布《环境信息化"九五"规划和 2010 年远景目标》《国家环境信息化中期发展规划(2008—2015 年)》《国家环境信息"十五"指导意见》和《环境信息管理办法》等系列文件,要求按照统一规划、资源整合、信息共享原则开展环境信息化建设。国家发改委发布《关于当前推进高技术服务业发展有关物联网工作的通知》,推动了环境监控物联网示范工程建设试点,环境信息化发展由此正式进入物联网阶段。2010 年,第一次全国环境信息化工作会议是我国环境保护历史上的第一次,也是我们环境信息化发展进程中的第一次,这次会议提出了要充分认识深入推进环境信息化建设在加强环境保护、推动科学发展、促进社会和谐中的重要作用,到 2015 年我国将建立适应新时期环境保护工作需要的环境信息化管理体制,基本构建"数字环保"体系。

快速发展阶段(2011—2016 年),十八大以来,党中央高度重视网络安全和信息化和生态环境保护工作,并将生态文明建设纳入"五位一体"总体布局。环境信息化由"散、乱、弱"的传统模式迈进整合信息资源、统筹业务应用系统建设的智慧化阶段。《中共中央关于全面深化改革若干重大问题的决定》的发布对推进生态文明建设做出全面安排和部署。《关于加强环境保护重点工作的意见》《政务信息共享管理暂行办法》《"十三五"国家信息化规划》《生态文明体制改革总体方案》等系列国家重大制度,以及《环境保护信息化"十二五"发展规划》《生态环境大数据建设数据整合集成 2016 年工作方案》等纲领性文件,为环境信息化的快速发展指明了方向。环境信息化建设依托国家环境信息与统计能力建设、生态环境大数据等重大信息化工程项目,开始支撑环境核心业务,加强了物联网技术在污染源自动监控、环境质量实时监测、危险化学品运输等领域的研发应用,并逐步满足环境管理需求。

统一集中阶段(2017 年以来),党的十九大报告首次将"美丽中国"作为社会主义现代化强国的限定词之一,提出加快生态文明体制改革。全国生态环境保护大会确立了"习近平生态文明思想",提出坚决打好污染防治攻坚战,推动中国生态文明建设迈上新台阶。对跨区域、跨流域、跨部门、跨层级、跨业务的生态环境工作提出更高要求,推动生态环境信息化建设进入集中统一时期。生态环境部在 2018 年组建。生态环境部党组高度重视网络安全和信息化工作,成立网信领导小组及其办公室,独立设置信息中心,全面加强生态环境信息化统一规划、统一标准、统一建设、统一运维,数据、资金、人员、技术、管理集中工作要求。国务院印发《政务信息共享管理暂行办法》《政务信息系统整合共享实施方案》,推动政务信息资源整合共享。《环境保护部政务信息系统整合共享实施方案》《生态环境部信息化统一集中的实施意见》《生态环境部信息化双重管理实施方案(试行)》《关于加强生态环境网络安全和信息化工作的指导意见》《2018—2020 年生态环境信息化建设方案》等文件,明确了生态环境信息化发展方向,我国生态环境信息化思路基本形成。目前,生态环境信息化"一朵云、一张网、一个库、一张图、一扇门"基本建成,夯实基础、重点突破、奋力赶超"三步走"路线取得明显成效。

"十四五"时期,中华民族伟大复兴战略全局和世界百年未有之大变局形成历史交汇,我国信息化发展面临的外部环境和内部条件发生复杂而深刻的变化。2021 年年底,《"十四五"国家信息化规划》明确了打造智慧高效的生态环境数字化治理体系,纳入生态环境信息化重大工程,为我国"十四五"时期生态环境信息化发展作出安排部署、提供行动指南。面对新形势和新机遇,生态环境信息化将成为生态文明建设的着力点和突破口,以新发展理念为引领,以更高标准保障污染攻坚战从"坚决打好"转向"深入打好",助力提升国家治理体系和治理能力现代化水平。

7.3.2　信息化测试管理规范

根据中华人民共和国国家环境保护标准,环境信息系统测试与验收规范——软件部分(HJ 728—2014),信息系统根据覆盖范围分为国家级环境信息系统,省级环境信息系统,地、市级环境信息系统,区、县级环境信息系统。国家级环境信息系统是由国家级环境保护部门批准建设的环境信息系统,此类系统的测试组织为环境保护部或环境保护部认可的第三方软件评测机构。省级环境信息系统是由各省级环境保护部门批准建设的环境信息系统,此类系统的测试组织为省级环境保护行政主管部门或省级环境保护行政主管部门认可的第三方软件评测机构。地、市级环境信息系统是由各地市级环境保护部门批准建设的环境信息系统,此类系统的测试组织为地、市级环境保护行政主管部门或地、市级环境保护行政主管部门认可的第三方软件评测机构。区、县级环境信息系统是由各区、县级环境保护部门批准建设的环境信息系统,此类系统的测试组织为区、县级环境保护行政主管部门或区、县级环境保护行政主管部门认可的第三方软件评测机构。根据系统所对应的信息安全等级保护级别将系统规模分为Ⅰ~Ⅴ级。根据系统类型分为新建系统、二次开发系统和商用系统。新建系统是指在合同执行前并不存在,需要承建单位进行开发的系统。二次开发系统又可分为三类:①部分开发的系统、订购方提供的系统和可重用的系统,在合同执行前业已存在或部分存在,但在交付前还需进行修改的系统;②订购方提供的系统,通常是指可以得到其源代码,但需要承建单位评价、开发或修改部分代码方可投入使用的系统;③可重用系统,通常是指承建单位拥有源代码,能够开发或修改文档,通过调用代码就可以实现相关功能的系统。商用系统也就是产品系统,此类系统一般只有目标码和用户手册,获取系统的源代码很困难,用户或承建单位无法自由对系统进行修改。

测试级别分为单元测试、集成测试、系统测试和回归测试。单元测试是指系统开发过程中要进行的最低级别的测试活动,在单元测试活动中,系统的独立单元将与程序的其他部分在相隔离的情况下进行测试;集成测试是指在单元测试的基础上,将所有模块按照设计要求组装成为子系统或 系统,进行集成的测试活动;系统测试是指将已经确认的系统、计算机硬件、外设、网络等元素结合起来,进行组装测试和确认测试的活动,目的是验证系统是否满足了需求规格的定义,找出不合格之处;回归测试是指修改代码后重新进行的测试活动,目的是确认修改没有引入新的错误或导致其他代码产生错误。

按照环境信息系统测试与验收要求,环境信息系统测试与验收规范相关角色分为环境保护部门、监理机构、系统承建单位、第三方软件评测机构(或外聘厂家、专家)。环境保护部门负责环境信息系统测试策划和流程管理;监理机构负责监督和控制环境信息系统的测试流程;系统承建单位负责环境信息系统的实施;第三方软件评测机构(或外聘厂家、专家)负责环境信息系统开发全流程的测试管理。

测试管理流程主要有策划、实施、监视和评审、纠正与预防、记录测试管理流程等5个部分。测试策划主要是进行测试需求分析,确定需要测试的内容或质量特性;确定测试的充分性要求;提出测试的基本方法;确定测试的资源和技术需求;进行风险分析与评估;制订测试计划(含资源计划和进度计划)。如果计划测试由第三方软件评测机构实施,则必须是满足系统规模与第三方软件评测机构及资质要求的第三方软件评测机构。测试实施依据测试计划执行测试用例,获取测试结果,分析并判定测试结果。同时根据不同的判定结果采取相应的措施。对测试过程的正常或异常终止情况进行核对,根据核对结果,对未达到测试终止条件的测试用例,决定是停止测试还是需要修改或补充测试用例集,并进一步测试。测试监视和评审包括规则检查和监督,监视和评审的结果应记录到测试报告中。测试组织依据测试计划监控测试实施过程,对实施过程与测试计划产生的偏差进行记录。测试组织应根据合同、测试计划、测试说明、测试记录、测试问题报告单等,分析和评价测试工作。测试纠正与预防主要是测试组织应采取措施,以消除造成测试异常或差错的原因,防止测试异常或差错的再发生。纠正措施应与所遇到不合格的影响程度相适应测试组织应确定措施,以消除潜在不合格的原因,防止不合格的发生。预防措施应与潜在问题的影响程度相适应。记录测试管理流程主要是指测试管理活动应该可以被追溯。测试组织应提供用于测试管理过程记录的实施方法或工具。输出测试计划、测试说明、测试报告、测试记录和/或测试日志、测试问题报告记录。

7.3.3 信息化验收管理规范

根据中华人民共和国国家环境保护标准,环境信息系统测试与验收规范——软件部分(HJ 728—2014),验收前提是被验收系统应经过系统测试、具备合同或双方约定的验收依据文档规定的验收条件。验收依据是合同或验收双方约定的验收依据文档中所规定的各项内容。验收方负责指定或成立专门的验收组织。根据验收计划和被验收系统的具体情况,验收方可选取第三方软件测评机构和专家组。验收由验收方负责组织实施,验收方负责审批验收申请、制订验收计划、指定或成立验收组织、做出验收结论。验收方包括验收组织及监理机构验收组织负责验收测试、验收审查和验收评审。监理机构负责监督和控制环境信息系统的验收流程、出具相应的监理文档。统承建单位提供被验收的系统,包括程序、文档和数据;被验收方应积极支持、配合完成系统验收工作,负责做好验收所需各项保障工作。验收各方应遵守验收双方规定的保密承诺。验收程序从验收方与被验收方进行设计交底开始到验收方完成验收活动终止[4]。制定验收管理流程,首先需明确系统是否符合验收要求,程序是否完整、依据是否充足。一般按以下步骤进行验收工作:第一步,被验收方向验收方提出系统验收申请,依据《环境信息系统测试与验收规范》所规定的申请程序,由被验收方提交相关资料和文档;第二步,验收组织提出相关的验收策划要求,并依据项目合同或双方约定制订验收策划方案;第三步,验收组织依据验收计划执行验收,记录验收结果,分析并判定验收结果,根据不同的判定结果采取相应的措施,并需对系统验收过程进行审查;第四步,验收组织依据验收计划监控验收实施过程,对实施过程与验收计划产生的偏差进行记录,并根据合同、验收计划、验收记录等,分析和评价验收工作;第五步,在完成验收测试、验收审查后按规范要求进行验收评审,给出评审结论,验收组织在完成验收评审后,根据表决情况,由评审负责人在验收报告上签署验收评审结论;第六步,对发生问题/不合格,或评审组织质疑的项目,需按本标准要求制定纠正和预防措施,防治问题或不合格项目再次发生,并记录验收管理流程。

验收管理流程是在环境信息系统开发和实施过程中,用于验证系统是否符合要求并能够正常运行的一系列操作和控制的过程。验收是一个重要的环节,目的是确保开发的环境信息系统能够满足用户的需求和要求,达到预期的效果。下面将详细介绍验收管理流程的各个步骤。①验收方与被验收方进行设计交底。在验收活动开始之前,验收方需要与被验收方进行设计交底,明确验收的目标、要求、流程和时间安排。通过设计交底,双方可以对验收工作有一个清晰的认知,确保工作的顺利进行。②被验收方向验收方提出系统验收申请。被验收方根据《环境信息系统测试与验收规范》所规定的申请程序,向验收方提出系统验收申请。申请中需要包括相关资料和文档,以便验收方能够对系统进行评估和验证。③验收组织制订验收策划方案。验收组织根据项目合同或双方约定,制订验收策划方案。验收策划方案需要明确验收的目标、范围、方法、要求、时间安排等内容,确保验收工作的有序进行。④被验收方提交相关资料和文档。被验收方根据验收策划方案的要求,向验收组织提交相关资料和文档,以供验收组织进行评估和验证。⑤验收组织执行验收计划。验收组织根据验收计划,对被验收系统进行验收测试和验收审查。对于验收测试,验收组织需要进行系统功能测试、性能测试、安全测试等,以验证系统是否符合规定的功能和性能要求。对于验收审查,验收组织需要对系统的设计、实现、文档、数据等进行审查,以确认系统的完整性和合规性。⑥记录验收结果,分析并判定验收结果。验收组织记录验收测试和验收审查的结果,并根据结果进行分析和判定。根据不同的判定结果,可以采取相应的措施,包括修正和改进系统、重新执行测试和审查、重新制订验收计划等。⑦验收组织监控验收实施过程。验收组织需要对验收实施过程进行监控,记录实施过程与验收计划之间的偏差。根据合同、验收计划、验收记录等信息,对验收工作进行分析和评价,确保验收工作的质量和效果。⑧验收评审。完成验收测试和验收审查后,根据规范要求进行验收评审。验收评审根据评审的结果,给出评审结论。评审结论的签署由评审负责人负责,签署在验收报告上。

制定纠正和预防措施:对于出现问题或不合格的项目,根据本标准的要求,需要制定纠正和预防措施,防止问题或不合格项目再次发生。同时需要记录整个验收管理流程,以便后续参考和复盘。通过以上的验收管理流程,可以有效地进行环境信息系统的测试与验收工作,确保系统的质量和可靠性。验收是一个动态的过程,需要不断进行调整和改进,以适应实际情况和需求变化。因此,在实施验收管理流程时,需要密切关注系统的开发和实施过程,及时进行反馈和修正,以确保最终达到预期的效果。

总之,根据中华人民共和国国家环境保护标准 HJ 728—2014 制定的环境信息系统测试与验收规范,验收管理流程是一个重要的环节,通过明确验收要求、制订验收计划、实施验收测试和验收审查等操作和控制,可以确保系统的质量和可靠性。同时,对于出现问题或不合格的项目,需要制定纠正和预防措施,以防止问题再次发生。通过规范的验收管理流程,可以提升环境信息系统的质量,满足用户的需求和要求。

本 章 小 结

在现代信息化时代,资源环境大数据的管理与运维是企业和组织取得成功的关键。资源环境大数据标准体系的建立和完善对于实现资源环境数据的高效管理、优化业务流程、提升企业的核心竞争力具有重要意义。本章介绍资源环境大数据标准现状、资源环境大数据标准体系框架、资源环境大数据标准体系、信息化建设管理办法、信息化测试管理及验收规范、资源环境大数据运行维护设计、维护制度与流程和运维技术支撑平台,通过对这些内容的学习,读者可以较好地了解资源环境大数据标准体以及资源环境大数据管理与运维体系。

参 考 文 献

[1] 中国电子技术标准化研究院. 大数据标准化白皮书(2018)[EB/OL]. (2018-03-29)[2024-03-15].
 https://www.cesi.cn/201803/3709.html.

[2] 张群,吴东亚,赵菁华. 大数据标准体系[J]. 大数据,2017,3(4)：11-19.

[3] 贾红霞,范丽娜,陆楠,等. 我国生态环境信息化发展现状[J]. 中国信息化,2022(3)：87-88.

[4] 中华人民共和国生态环境部. 环境信息系统测试与验收规范——软件部分[EB/OL]. (2015-02-05)
 [2024-03-15]. https://www.mee.gov.cn/ywgz/fgbz/bz/bzwb/other/xxbz/201502/t20150205_295526.htm.

 拓展阅读

[1] 中华人民共和国生态环境部, https://www.mee.gov.cn/.

[2] 科研动态—科学研究—中国科学院大学, https://www.ucas.ac.cn/site/263.

习题与思考

1. 当前资源环境大数据保障体系面临的困难有哪些？

2. 未来资源环境大数据的发展方向是什么？

第8章

资源环境大数据应用的总体布局

学习目标

了解资源环境大数据应用的总体方案；了解资源环境大数据应用的总体思路。

章节内容

本章首先阐述资源环境大数据应用的总体方案,包括资源环境大数据的建设目标和建设任务;然后梳理资源环境大数据应用的总体思路,包括资源环境大数据应用的重要意义、总体要求和路径方法;最后介绍资源环境大数据应用的保障。

8.1　资源环境大数据应用的总体方案

8.1.1　资源环境大数据的建设目标

资源环境大数据的建设目标包括三大方面,即实现资源环境大数据综合决策科学化、实现资源环境监管精准化和实现资源环境公共服务便民化。

1. 实现资源环境大数据综合决策科学化

直觉、经验和数据分析是决策者们进行决策的主要依据。基于及时、全面、准确的数据分析是最科学的。但是,在我们的日常生活和工作当中,由于缺乏数据的支撑和数据分析技术,直觉和经验一直主导着我们的决断和决策。有的时候,在没有数据分析支撑,又缺乏经验的情况下,也只能靠拍脑袋来决策。在大数据时代,我们要从经验判断向大数据科学决策转变。将资源环境大数据作为资源环境管理科学决策的重要手段,实现"用数据决策"。利用资源环境大数据支撑资源环境政策措施制定、资源环境形势综合研判、资源环境风险预测预警、重点工作会商评估,提高资源环境综合治理科学化水平,提升资源环境保护能力。

2. 实现资源环境监管精准化

国务院《促进大数据发展行动纲要》要求推动政府治理精准化,要在企业监管、节能降耗、环境保护和安全生产等领域,推动有关政府部门和相关单位数据进行关联分析,预警企业不正当行为,提升政府决策和风险防范能力。资源环境监管要用数据管理,实现从粗放型管理向精细化管理转变,由定性到定量转变;要充分运用资源环境大数据,提高资源环境监管能力,助力简政放权,健全事中、事后监管机制,实现"用数据管理"。利用资源环境大数据支撑法治、信用、社会等监管手段,构建政府、企业与公众共同参与的生态环境监管机制,提高资源环境监管的准确性、高效性和主动性。

3. 实现资源环境公共服务便民化

2016 年 3 月,时任国务院总理的李克强在政府工作报告中首次提出要大力推进"互联网+政务服务",实现部门间数据共享,让居民和企业"少跑腿、好办事、不添堵";要全面推进行政审批网上办事服务,构建"一站式"办事平台,让数据、信息"多跑路",让居民企业"少跑腿"。大数据能够准确把握社会公众、企业的真实需求,能够发现问题,有利于推动行政管理流程优化再造,简化办事程序,提供优质、精准、便捷、主动的服务。

资源环境大数据建设应围绕建设人民满意的服务型政府,运用大数据创新政府服务理念和服务方式,实现"用数据服务"。利用资源环境大数据支撑资源环境信息公开、网上一体化办事和综合信息服务,建立公平普惠、便捷高效的资源环境公共服务体系,提高公共服务共建能力和共享水平,发挥资源环境数据对人民群众生产、生活和经济社会活动的服务作用。

8.1.2 资源环境大数据的建设任务

资源环境大数据的建设任务包括六个方面,即推进资源环境数据全面整合共享、加强资源环境科学决策、创新资源环境监管模式、完善资源环境公共服务、统筹建设资源环境大数据平台和推动地方资源环境大数据试点应用。

1. 推进资源环境数据全面整合共享

开展资源环境大数据应用,数据是基础、应用是核心。国务院《促进大数据发展行动纲要》首要的目标是将大数据作为提升政府治理能力的重要手段,通过高效采集、有效整合、深化应用政府数据和社会数据,提升政府决策和风险防范水平,提高社会治理的精准性和有效性,增强乡村社会治理能力,打造精准治理、多方协作的社会治理新模式,形成跨部门数据资源共享共用格局;首要的任务就是加快政府数据开放共享,推动资源整合,提升治理能力。开放政府部门数据是推动大数据应用的基础和前提,当前,政府部门的数据公开和共享程度低,是开展大数据应用的最大障碍。

当前,全国资源环境监测网络存在范围和要素覆盖不全、环境数据共享程度低、彼此割裂与相互封闭,监测数据质量有待提高等突出问题,开展资源环境大数据应用首先要夯实数据基础,提高资源环境数据的采集能力,整合资源环境数据资源,共享和开放资源环境数据。

1)提高资源环境数据采集能力

充分利用物联网、移动互联网等新技术,拓宽数据获取渠道,创新数据采集方式,提高对大气、水、土壤等多种资源环境要素及各种污染源全面感知和实时监控的能力。建设覆盖大气、水、土壤等多种资源环境要素的全国资源环境监测网络,提高资源环境信息采集能力,为资源环境大数据应用提供坚实的数据基础。

2)加强数据资源整合集成

污染源是环境保护监管的主要对象,是影响环境质量的主要原因。污染源排放污染物数据是最为重要的环境信息,是污染减排的基础和保障,是表征环境质量状况、把握环境发展趋势、制定环境政策措施和加强环境监督管理的重要基础。

长期以来,我国的污染源管理模式是分散、分段的,虽然制定了许多管理制度,这些制度都能在污染防治的某一个阶段发挥作用,但是在整个管理体系中表现得较为独立和分散,功能较为单一,没有核心和统领的制度,相互之间缺乏有效的整合与衔接,导致整个污染控制体系未能很好地形成统一的整体,未能发挥整体功能的优势。

环境信息化在逐步推进的过程中,由于部门条块化、管理碎片化,缺乏环境信息化的统筹考虑,导致环境信息化工作各自为政,分散建设,形成环境信息化工作的部门化、局部化的局面。由于缺乏一整套统一的、紧密衔接的环境管理制度,缺乏污染源信息统一采集、共同使用的管理制度,缺乏污染源信息采集与应用分离的管理制度,导致污染源信息多部门分头采集,分散管理,各自使用,造成环境保护部门多个孤立的信息系统生成多套数据,使环境信息碎片化,造成环境部门数据真实性和公信力不高,环境信息化低水平重复。

加强数据资源整合集成就是要将分散在多个部门、多个单位的数据集中在一起,建立相互之间的联系,解决数据之间的不一致问题,消除"数据孤岛"和"信息碎片化"。只有将不同部门和单位的数据放在一起,才能发现问题,才能有助于解决问题。通过数据资源整合集成,建立资源环境信息资源目录体系,形成资源环境质量、环境污染、自然生态等国家资源环境基础数据库,形成数据资源统一集中和动态更新的工作机制,为资源环境大数据应用提供坚实的数据基础。

3)推动数据资源共享服务

数据不共享、彼此割裂与相互封闭,是开展大数据应用的最大障碍。推动数据资源共享服务,就是要加大数据资源的共享与开放力度,促进数据资源的开发利用,释放数据红利。推动数据资源共享服务,需要加快构建环境信息资源体系,出台《环境信息资源共享管理办法》,逐步建立和完善环境信息资源数据库(环境信息资源中心),加快建设环境信息资源共享服务平台。

(1)构建资源环境信息资源目录。资源环境信息资源目录是资源环境相关部门在履行职责过程中产生的各类数据、信息的分类和编目,是通过对资源环境信息资源进行元数据描述,按照一定分类方法进行排序和编码,以便信息资源的检索、定位和获取,是对环境信息资源进行的高效和统一管理。资源环境信息资源目录用于信息资源建库、信息资源共享和开放。资源环境信息资源目录编制包括信息资源分类、元数据描述、代码规划以及目录编制的组织、程序和要求等方面内容。信息资源元数据主要包括信息资源分类、名称、目录代码、提供方、提供方代码、摘要、格式、信息项信息(信息项名称、数据类型、更新周期)、共享类型、共享条件、共享方式、开放数据、开放条件、发布日期、关联及类目名称。

资源环境信息资源目录编制要按照部门确定的政务职权及其依据、形式主题、运行流程、对应的责任等,梳理部门的权力和责任清单,在此基础上,梳理并制订与权力和责任清单对应的政务业务清单,编制部门政务信息资源目录规划,依据部门政务信息资源目录规划,梳理出部门和所属机构实际履职形成的信息资源,结合已建立信息系统中的信息资源,形成与权力和责任清单、政务业务清单对应的信息资源数据清单。在权力和责任清单、政务业务清单、数据清单的基础上,按照信息资源元数据要求,编制部门政务信息资源目录和数据清单。

（2）出台《环境信息资源共享管理办法》。信息资源共享管理制度是推动数据资源共享工作落到实处的重要保障,是用于规范资源环境相关部门信息资源提供和共享的行为,是对资源环境相关部门数据共享的范围、边界、使用方式及数据共享的义务和权利做出的具体规定。政府部门在履职过程中产生的政务信息资源属于国家公共资源,对其开发利用能够产生巨大的价值。政务信息资源共享应遵循"共享为原则、不共享为例外"的原则。出台《环境信息资源共享管理办法》就是为了落实国务院《促进大数据发展行动纲要》要求,保障资源环境保护信息资源共享和开放,为资源环境大数据应用提供坚实的数据基础。《环境信息资源共享管理办法》要在资源环境保护信息资源目录和数据清单基础上,明确各部门信息资源提供与使用的具体要求。

（3）建设环境信息资源中心。环境信息资源中心是为推动环境信息资源共享,夯实资源环境大数据应用基础,解决环境信息碎片化、应用条块化、服务割裂化等问题,通过对各类业务系统和数据进行整理、整合、优化、关联和集成,而建立的涵盖环境要素齐全、覆盖范围广、时间序列长、多源、多类型、多尺度的海量数据库。

环境信息资源中心涉及环境监测、污染防治、环境执法、环境影响评价、环境应急、核与辐射等核心业务方面的数据,以及环境政务和其他外单位的数据。数据库包括地表水环境质量数据、地下水环境质量数据、饮用水环境质量数据、海洋环境质量数据、污染源监督性监测数据、环境统计数据、城市空气质量数据、污染物总量减排数据、污染源自动监控数据、机动车环境管理数据、辐射环境监测数据、污染源违法行政处罚数据、生物多样性保护数据等。外单位数据包括气象部门数据、测绘部门数据、工商管理部门数据、金融经济方面数据。

环境信息资源中心数据包括实时自动监测数据、定期手动监测数据、一次或多次调查数据,时间频率有的以年为单位,有的以月为单位,有的以小时为单位。数据格式包括结构化数据、半结构化数据和非结构化数据。针对不同的数据类型,环境信息资源中心可以采用不同的存储方式,关系型数据库主要存储数据量不大的结构化数据,时序数据库存储数据量大、时效性高的数据,半结构化数据采用 NoSQL 数据库 HBase 存储,非结构化数据存储在分布式文件系统中。关系型数据库采用 IBM 的 DB2 数据库或者 Oracle 数据库,时序数据库可以采用 KMX 产品,NoSQL 采用 HBase 数据库,非结构化数据采用 Hadoop 的 HDFS 存储。

（4）建立环境信息共享服务平台。环境信息共享服务平台是面向用户提供环境信息资源中心数据查询、检索和下载服务的一个窗口。环境信息共享服务平台以资源目录和数据表格的方式呈现给用户。资源目录以环境要素、环境业务、部门、业务系统等多种方式进行组织,用户可以从不同的视角迅速浏览资源目录。以环境要素组织的资源目录包括水、气、土壤（固体废物、化学品）、噪声、生态、核、环境监察、综合、外部委数据。以环境业务组织的资源目录包括环境质量信息、资源环境信息污染源、污染源信息、环境管理业务信息、环境科技及其管理信息、环境保护产业信息、环境政务管理信息、环境政策法规标准、环境保护相关信息等。建立环境信息共享服务平台就是要将环境信息资源中心的数据以更直观、更形象的方式呈现给用户，让用户更便捷、更容易地浏览、查询和下载数据，进而推动环境信息资源的开发利用，促进资源环境大数据应用。

4）推进资源环境数据开放

开放政府部门数据、释放数据红利是推进大数据发展与应用的一项重要任务。同样，推进资源环境数据开放，促进社会化利用，让更多的企业和社会公众参与环境保护是资源环境大数据发展和应用的一项重要内容。按照国务院《促进大数据发展行动纲要》的总体部署和要求，建立资源环境数据开放目录，制订数据开放计划，明确数据开放和维护责任。优先推动向社会开放大气、水、土壤等生态环境质量监测数据，区域、流域、行业等污染物排放数据，核与辐射、固体废物和化学品等风险源数据，重要生态功能区、自然保护区、生物多样性保护优先区等自然生态数据，以及环境违法、处罚等监察执法数据。

5）推动跨部门之间数据共享

环保、工信、国土、水利、住建、农业、交通、林业、海洋、气象、测绘、质检等部门数据，以及国家人口基础信息库、法人单位资源库、自然资源和空间地理基础库等其他国家基础数据是开展资源环境大数据应用不可或缺的数据。

2. 加强资源环境科学决策

在大数据时代，政府公共管理从经验判断向大数据科学决策转变成为政务信息化的必要要求和发展趋势。开展资源环境大数据应用，就是要加强资源环境科学决策，实现"用数据决策"。资源环境大数据科学决策重点围绕环境形势分析与对策、环境风险预测预警、重点工作会商评估来开展，优先围绕大气污染和水环境污染治理评估与对策、环境风险预测预警与应急处置、环境社会风险防范与化解开展试行。

（1）大气污染和水环境污染治理评估与对策。针对重点区域大气环境和水环境污染治理与环境质量改善需求，充分发挥大数据的优势，通过建立情景模拟和推演模型算法，开展区域大气环境和水环境质量现状、变化及成因分析，开展区域大气环境和水环境质量趋势分析与预测工作，开展污染物排放总量现状、趋势和预测分析工作，开展环境质量与污染物排放之间动态响应模型研究工作，开展污染治理效果分析、评估和对策工作。利用大数据模型算法推演、模拟污染减排措施对大气环境和水环境质量改善的动态响应关系，评估区域大气污染和水污染监管措施的有效性，为大气污染和水污染精准治理和科学治理提供支撑。

（2）环境风险预测预警与应急处置。运用大数据、云计算等现代信息技术手段，迅速收集、快速处理涉及环境风险数据、环保举报信息、突发环境事件动态数据、舆论信息等海量数据，利用环保、交通、水利、海洋、安监、气象等部门的环境风险源、水文气象等数据，基于有线、无线、卫星通信会商、指挥系统，进行大数据统计分析，创建大数据分析模型，建设基于空间地理信息系统的环境应急大数据应用，提升应急指挥、处置决策等能力。

（3）环境社会风险防范与化解。由环境问题引发的群体性事件成为影响社会稳定的重要因素之一。垃圾处理、持续重污染天气、地下水污染等都可能引发社会风险。针对建设项目环评、重污染天气、环境污染事故、核与辐射、环境保护重大政策等热点问题，建立互联网大数据舆情监测系统，开展常态化和突发性事件环境舆情监测与分析研判工作，为防范和化解环境社会风险工作提供技术支撑；开展持续重污染天气下社会公众情绪宣泄监测、分析和判断，及时加强对舆论的正面引导，为消除或转移不良情绪提出对策建议。

3. 创新资源环境监管模式

在企业监管、节能降耗、环境保护、安全生产等领域,资源环境监管要用数据管理,实现从粗放型管理向精细化管理转变,由定性到定量转变。要推动环评统一监管,增强监测预警能力,创新监察执法方式,开展环境督察监管,强化环境监管手段,建立"一证式"污染源管理模式,加强环境信用监管,推进资源环境保护监管,增强社会环境监管能力。

(1) 增强监测预警能力。加快资源环境监测信息传输网络与大数据平台建设,加强资源环境监测数据资源开发与应用,开展大数据关联分析,拓展社会化监测信息采集和融合应用,支撑资源环境质量现状精细化分析和实时可视化表达,提高源解析精度,增强生态环境质量趋势分析和预警能力,为资源环境保护决策、管理和执法提供数据支持。

(2) 创新监察执法方式。利用环境违法举报、互联网采集等环境信息采集渠道,结合企业的工商、税务、质检、工信、认证等信息,开展大数据分析,精确打击企业未批先建、偷排漏排、超标排放等违法行为,预警企业违法风险,支撑环境监察执法从被动响应向主动查究违法行为转变,实现排污企业的差别化、精准化和精细化管理。

(3) 推进资源环境保护监管。强化卫星遥感、无人机、物联网和调查统计等技术的综合应用,提升资源环境天地一体化监测能力。加强资源环境数据的集成分析,实现对资源环境的监测评估、预测预警、监察执法。

4. 完善资源环境公共服务

"简政放权、放管结合、优化服务"改革工作是国务院近几年大力推进的一项工作。推进"互联网+政务服务"平台建设是破解当前"放管服"改革难点堵点的重要举措。

(1) 大力推进"互联网+政务服务"。依托原环境保护政府网站,建设网上政务服务平台,提供"一站式办理"的互联网政务服务大厅,实现所有行政审批事项的统一登录、统一申请、统一反馈。加强政务信息资源整合和互认共享,实现网上政务服务平台与国际互联网政务服务平台无缝对接,逐步实现政务服务"一号申请、一窗受理、一网通办",全面提升原环境保护部"互联网+政务服务"工作水平。

(2) 提升信息公开服务质量。加强信息公开渠道建设,通过政府网站、官方微博微信等基于互联网的信息平台建设,加大信息公开力度,提高信息公开的质量和时效。积极做好主动公开工作,满足公众环境信息需求。完善信息公开督促和审查机制,规范信息发布和解读,传递全面、准确、权威信息。不断扩充部长信箱、"12369 环保热线"、微博微信等政民互动渠道,及时回应公众意见、建议和举报,提高公众参与力度。

(3) 拓展政务综合服务能力。加强党建政务信息采集、管理和分析应用,为党建政务管理提供高效、准确、及时的信息服务,提高党建政务工作科学化水平。以优化提升民生服务、激发社会活力、促进大数据应用市场化为重点,建立生态环境综合服务平台,充分利用行业和社会数据,研发环境质量、环境健康、环境认证、环境信用、绿色生产等方面的信息产品,提供有效便捷的全方位信息服务。推动传统公共服务数据与移动互联网等数据的汇聚整合,开发各类便民应用,优化公共资源配置。

(4) 加强环境保护政府网站建设。坚持以公众服务为中心的理念,准确把握互联网信息传播的规律,加大网站环境信息公开的力度,加强环境政策的解读和宣传,积极回应社会关切,接受社会公众监督,推进社会公众参与环境保护,推动思维观念转变。运用互联网、大数据为社会公众提供更优、更精准的公共服务，利用大数据增强环境舆情监测，掌控互联网舆情态势和舆论导向。

5. 统筹建设资源环境大数据平台

要统筹建设资源环境大数据云服务平台，实现计算资源、存储资源、安全资源的集约高效；要统筹建设资源环境大数据管理平台，实现资源环境大数据集中统一管理和开放共享；要统筹建设资源环境大数据应用平台，实现资源环境大数据开发利用，服务于环境决策和管理。

（1）资源环境大数据云服务平台。加强大数据基础设施技术架构、空间布局、建设模式、服务方式、制度保障等方面的顶层设计和统筹布局，实施网络资源、计算资源、存储资源、安全资源的集约建设、集中管理、整体运维，以"一朵云"模式建设环保云平台，实施业务系统环保云平台部署，保障信息安全；推动同城备份和异地灾备中心建设。

（2）资源环境大数据管理平台。大数据管理平台是数据资源传输交换、存储管理和分析处理的平台，为大数据应用提供统一的数据支撑服务，主要实现数据传输交换、管理监控、共享开放、分析挖掘等基本功能，支撑分布式计算、流式数据处理、大数据关联分析、趋势分析、空间分析，支撑大数据产品研发和应用。

（3）资源环境大数据应用平台。运用大数据新理念、新技术、新方法，开展资源环境大数据综合决策、环境监管和公共服务等创新应用，为资源环境决策和管理提供服务。

6. 推动地方资源环境大数据试点应用

确定某些省市地区为试点单位，并要求试点单位结合当地实际需求，聚焦突出的资源环境问题，开展资源环境大数据示范应用，为资源环境大数据应用提供可借鉴的经验。

8.2　资源环境大数据应用的总体思路

8.2.1　资源环境大数据应用的重要意义

当前，我国资源保护与开发建设活动的矛盾依然突出，资源安全形势依然严峻。环境污染的智慧治理既需要形成政府、企业、社会公众共治的格局，也需要大数据、互联网和云计算等信息化技术手段。在资源环境领域，大数据的应用和发展前景十分广阔。现在迫切需要对资源环境大数据应用进行科学的谋划和布局，结合大数据的思维和理念，对资源环境的治理手段和方式进行创新，加快推进资源环境治理体系与能力的现代化。运用大数据推动资源环境管理战略转型这一工作具有全局性、系统性和持续性等特点，这就要求加强顶层设计与长远规划，既要全面布局，又要注重重点突破[1]。

大数据和资源环境的结合是国家大数据应用和发展的重要趋势。资源环境大数据对资源环境管理理念和管理方式的改革具有重要影响，在精准监管、科学监测和依法治理等方面起到支撑保障作用，因此，开展资源环境大数据的应用研究具有十分重要的现实意义。

1. 资源环境大数据有助于提高资源环境监测的准确性与有效性

资源环境在土壤资源、水资源和大气资源等方面积累了海量的监测数据，包括结构化数据和非结构化数据。资源环境大数据是环境智慧监测的重要基础。资源环境监测为资源环境保护监管和资源环境治理提供有力的支持与保障。然而,资源环境监测是一项复杂而全面的工作。资源环境监测人员要严格执行资源环境数据的采集、监测和分析等工作,同时,应时刻注意资源环境质量的变化动态,实时上报相关情况,以便及时开展资源环境污染的溯源工作;检验资源环境污染防控方案的可行性与完善性[2]。资源环境大数据的发展与应用,促使公司、机构和社会充分参与到环境保护中,从本质上提升环境监测的系统性与完善性。通过资源环境大数据技术的应用,可实现对监测数据的有效分析。此外,通过研究数据趋势,可以预测环境变化和自然灾害,并为各种可预测的紧急情况做好准备[3]。

2. 资源环境大数据有助于提高资源环境监测的预警水平

将资源环境大数据及其技术与环境监测工作相结合,能够及时分析大量的资源环境数据,挖掘出更多有价值的内容。由于资源环境的不断变化,所生成的大数据也具有很强的时效性[4]。大数据技术可以实现对各种资源环境信息的高效处理,促使预警工作更加及时、准确。相关部门可以通过大数据技术分析各种污染事件,做出合理预测,并制定相应的预防措施,避免进一步的环境污染。此外,可以利用互联网技术创新传统的环境检测工作模式,确保相关人员可以随时沟通[5]。

3. 资源环境大数据成为推动资源环境监管创新的新手段

在当前社会经济快速增长的背景下,尽管人们的生活水平不断提高,但也暴露出越来越多的环境问题。保护环境作为中国的一项基本国策,具有十分重要的意义。尽管在资源环境保护方面取得了一些进展,但与人民的期望仍有很大差距。

环境监管作为改善环境治理的技术手段,目前有许多问题亟待解决[6]:①专职环境监理人员短缺,需要监督的环境问题很多,但人力不足;②监督工作制度不健全,缺乏规范的工作程序和公开的制度;③业务关联性不全面,即尽管信息系统正在逐步构建,但系统之间的关联关系尚未得到梳理和连接;④在系统应用过程中生成了数据并建立了数据中心,但数据收集不全面,数据价值挖掘和分析不到位,为反映问题提供的信息量太少;⑤智慧化不足,只对已经发生的问题进行总结和分析,无法预见和评估未来的趋势;⑥监管态势的显示效果分散,管理层无法从宏观、整体和多角度分析态势,导致决策能力不足;⑦污染物在线监测网络尚不完善,主要污染物监测不到位,难以有效监测污染物、应对日益严重的环境突发事件。

资源环境监管是实现资源环境保护目标的重要保证。随着资源环境问题日益严峻,亟须大幅改善资源环境质量,环境监管也变得越来越困难。传统的资源环境监管工作具有如下特征:①监管对象具有复杂性;②监管范围具有广泛性;③监管任务具有艰巨性;④监管过程具有较高的社会关注度;⑤监管结果具有较大的影响度。然而,面对这些现实问题,传统的环境监管人员有限、执法手段相对落后,难以满足现行监管要求。因此,迫切需要运用物联网等大数据和信息技术的思维,创新环境监管方式,推进远程监测执法,探索资源环境大数据云平台建设,构建污染治理智能监测执法系统,实现环境监管能力现代化,提高资源环境污染问题执法监督的科学性和合理性[3]。

企业违法偷排、超标排放及环境监测数据造假一直是环境监管的难点。在大数据时代,迫切需要工信、发展和改革委员会、税务和海关等部门共享污染源企业的信息并公开社会公众的相关举报信息。利用大数据技术进行资源环境数据的综合分析与信息挖掘,能够尽早发现环境监测数据造假和擅自施工等资源环境监测违法行为,从而提高资源环境监测执法的执法效率和精准性。

4. 资源环境大数据助推资源环境治理能力现代化

为了促进国家资源和环境治理能力的现代化,政府、企业与公众需要成为资源和环境污染防治体系中的多元化主体;在主体责任方面,突出污染源企业在资源环境污染治理方面的主体责任;在公众参与方面,要增强公众在资源环境污染管理中的思想意识并提高公众的行为积极性。在大数据时代,公众和企业可以通过政府提供的电子公共服务参与政府管理和决策。政府部门可以通过互联网服务平台收集公众需求信息和舆论信息,并将资源环境保护部门的数据结合起来,形成资源环境保护大数据。利用资源环境保护大数据,不仅可以分析不同数据之间所存在的特殊关联关系,更重要的是,能够揭示资源环境相关现象背后的自然或人为规律。

改变资源环境治理的思维和手段,打造现代化的资源环境治理体系,应开启精准治污、科学治污、多方协作的环境治理新模式。精准治污和科学治污就是要找准问题、分析根源、精准发力。用大数据思维进行精准治污,需要"用数据说话""用数据管理""用数据决策",促进政府主动预测问题,摆脱被动应对问题的消极局面;从依靠经验和直觉进行判断转向依据大数据进行科学决策;由粗放式管理转向精细化管控。"用数据说话"是指使用真实的、具体的数据来描述资源环境质量,包括其现状、变化特征与趋势等;准确预警各类资源环境污染事件;精准锁定污染物排放源;建立某一个区域或流域的污染物排放总量与资源环境质量、资源环境容量之间的定量响应关系。"用数据管理"与"用数据决策"是指在对数据进行处理和分析的基础上,解决一些资源环境污染与治理方面的实际问题。比如,为了实现某一个地区或流域的环境质量目标,在现有基础上需要减少多少污染物总量?平均每年需要减少多少排放?如何减少排放?在哪里减少排放?只有通过数据处理与分析来回答这些问题,资源环境的污染治理工作才能具备精准性和科学性。

5. 资源环境大数据成为促进环境管理和科学决策的新工具

资源环境信息是政府对资源环境进行有效管理与科学决策的基础。资源环境大数据的应用有助于加速政府部门对信息资源的开发利用,以及管理的改革和创新。大数据技术可以对资源环境管理中的碎片化信息进行关联分析,有助于从中寻找资源环境变化的规律与趋势并发现问题的根源,提高政府在解决各类资源环境问题方面的决策水平与效率。

8.2.2 资源环境大数据应用的总体要求

1. 指导思想

围绕资源环境保护重点工作,以支撑和服务打好污染防治攻坚战,改善资源环境质量为要求,充分运用信息化手段和大数据的优势,全面提升资源环境信息化水平,推动资源环境信息化迈上新台阶[7]。

2. 基本原则

推进资源环境大数据应用的基本原则如下。

(1)坚持创新引领的原则。运用大数据思维,主动改变传统的工作方式,改变政府管理的模式；充分利用大数据等技术手段提高资源环境监管能力,精准打击资源环境违法违规行为；加强数据综合应用和集成分析,提高雾霾科学应对能力；利用大数据、"互联网+"和人工智能技术,探索资源环境管理和社会服务的新业态与新模式,不断提高资源环境管理的创新应用水平。

(2)坚持需求主导原则。需求是资源环境大数据应用的出发点和落脚点。当前重点围绕区域大气污染治理、重污染天气应对、资源环境监管等难点问题,运用大数据分析找准造成问题的根源,精准发力、精准施策,提升重污染天气科学应对能力,促进资源环境监管能力精准化。

(3)坚持重点领域突破原则。以城市的大气污染治理、重污染天气应对、资源环境监管需求为重点突破口,综合运用卫星遥感、空气质量地面观测、气象观测等各类数据,以及原国家工商行政管理总局、国家电网数据,利用认知计算技术和大数据分析,快速识别污染物高排放热点网格,准确查找散乱污企业,实施精准监管,科学决策,有效科学应对城市的大气污染治理。

(4)坚持数据开放共享原则。资源环境大数据源自各个政府部门、科研院所、社会企业及各种单位之间的互动与合作等,涵盖范围较广。因此,必须坚持数据开放共享原则,让社会力量充分挖掘、利用政府部门数据,推动资源环境大数据应用创新发展。

3. 总体目标

经过3~5年的发展,资源环境大数据创新应用取得明显成效：将大数据思维融入资源环境的日常工作中；资源环境大数据应用基础和精准治污、科学治污、多方协作的环境治理新模式基本形成；资源环境监督的精准化和精细化能力大幅提升；资源环境信息化水平迈上新台阶,全面推动资源环境管理业务协同,严格落实各项污染防治措施,全面提升资源环境的总体质量。

8.2.3 资源环境大数据应用的路径方法

开展资源环境大数据应用的路径方法主要包括以下五个方面。

1. 目标定位与总体布局

开展资源环境大数据应用,不仅要建立短期目标,加快工作启动和进度,还要建立中长期目标,确保基础工作更加稳定。资源环境大数据应用的短期目标和中长期目标的定位工作均应从基础性工作、技术性工作、应用性工作和保障性工作这四个方面综合考虑。基础性工作主要包括数据采集与共享等；技术性工作主要包括数据处理与分析的关键技术、模型构建与算法改进等；应用性工作主要包括环境污染防控与治理、环境动态监测、环境影响的综合评价、环境执法和环境舆情等；保障性工作主要包括应用支撑环境、政策规定与制度及人才队伍等。

总体布局是实现战略目标的重要保证。资源环境大数据应用是一项系统性工程。开展资源环境大数据应用应基于资源环境本身的特征,根据国家大数据战略统筹布局,找准资源环境大数据应用的切入点；从多个角度进行资源环境大数据工程的顶层设计；规划资源环境大数据的关键技术,逐步拓宽资源环境大数据的应用领域。

2. 出台配套政策

基于资源环境大数据的资源环境管理战略转型是一项需要不断探索的系统性工作,亟须相关政策的支持与保障。《运用大数据提高资源环境监管能力的指导意见》等相关政策规定的出台,有助于明确资源环境大数据应用的总体目标、要求和发展方向;有助于明确资源环境大数据应用的重点任务;有助于提出资源环境大数据应用的保障措施;有助于发挥大数据在资源环境领域的作用;有助于提高资源环境监管水平[1]。

3. 舆情监测与数据共享

将环境舆情监测数据生成简报、报告和图表等,有助于分析公众对资源环境保护的重大政策、资源环境建设项目对环境的影响及资源环境污染事故等热点问题的建议和意见,为管理部门提供实时的民意分析报告。基于大数据的舆情监测有助于管理部门及时掌握事件的发展趋势,提供正确的舆论引导,将问题消灭在萌芽状态,从而提高管理部门的预见性和主动性。

当前,各个政府部门的资源环境数据互不共享,是开展资源环境大数据应用的最大障碍。推动大数据应用的基础和前提是开放政府部门数据。政府部门的数据公开和共享程度低,数据公信力也有待进一步提高。数据不准与数据造假的问题不仅导致管理层面的混乱,而且会误导决策,引发严重的后果。资源环境大数据应用的有效开展需要有夯实的数据基础,这就要求政府各部门尽快建立资源环境数据共享和开放平台。

4. 推动重大工程项目发展

通过开展重大工程项目,有助于从点到面逐步推进资源环境大数据的应用。首先,通过实施资源环境大数据应用工程项目,可以整合资源环境保护系统的数据,共享其他部门的数据,拓宽互联网信息收集渠道,提高数据可用性,促进资源环境领域的数据共享和开放;其次,通过实施资源环境大数据工程项目,积极探索环境监管新模式,推动排污企业成为环境污染治理主体,促进公众参与环境保护,使环境监管更加精细化、精准化;再次,通过实施资源环境大数据工程项目,可以带动社会力量参与资源环境大信息的应用,逐步建立资源环境大数据产业,更好、更有效、更全面地推进大数据应用;最后,实施资源环境大数据应用工程项目,可以带动人才队伍的培养和持续发展,培养跨界创新的大数据专业人才,完善大数据技术、管理和服务的人才体系。

5. 推进应用示范并建设应用工程中心

在资源环境保护领域,大数据应用还处于起步和探索阶段。想发挥资源环境大数据在增强环境监管能力方面的作用,需要不断探索研究并进行应用示范。在推进资源环境大数据应用示范时,要重点关注资源环境监测、资源环境影响评价、资源环境执法、资源环境风险、资源环境健康等业务需求,并利用大数据分析技术挖掘资源环境大数据的潜在信息,以发现问题和把握信息变化的规律,提高资源环境管理工作的主动性、前瞻性和科学性,提高管理水平。

除了推进应用示范外,还有必要针对资源环境大数据应用的需要,建立"产—学—研—用"相结合的资源环境大数据应用工程中心。资源环境大数据应用工程中心集技术研究、成果转化、标准制定、人才培养和运维于一体,以资源环境大数据应用为导向,充分利用研究院所、百度、阿里巴巴和腾讯等互联网公司的技术和人才优势,围绕国家资源环境管理需求,开展基础研究和应用研究,有效发挥资源环境大数据的潜在价值。资源环境大数据应用工程中心立足于解决资源环境监管中的重大挑战,服务于改善资源环境质量、惩治资源环境违法行为、防范资源环境风险,逐步提高资源环境科学管理的精细度与精准度。

8.3　资源环境大数据应用的保障

8.3.1　政府与市场

新形势下,应顺应金融体制改革,拓宽融资渠道,组建多种经济成分、多功能并存的金融体系,鼓励我国资源环境企业上市融资,加快资金的筹集和周转速度;设立风险担保资金,为基础设施建设和高新技术项目提供充裕的资金支持和保障,构建我国资源环境产业资本运营体系。

第一,政府制定不同层级的金融倾斜政策。政府应加大金融政策扶持力度,在现有的基础上,加大对资源环境产业的投入力度,制定各类基层产业发展政策,扩大信贷支持的范围,落实各级金融优惠政策。

第二,设立资源环境大数据产业风险资金。通过设立专门的风险担保基金,加大对资源环境大数据产业的支持保障力度,为资源环境大数据企业提供各种形式的资金支持,推动资源环境大数据产业的有序发展。

第三,引进国内外资本经营和管理专业公司。资源环境产业的发展与资本市场密不可分,专业的资本经营和管理公司,可以为具体的产业提供融资活动策划、产权结构细分、公司治理、经营管理等方面的指导。

第四,引进技术项目评估和投资咨询公司。引入专业的公司,对大型的资源环境项目进行项目评估,提供全面的评价分析,为项目审批提供依据;同时引入专业的投资咨询公司,对项目所需的资金数量、资金渠道的获取、资金的合理使用进行预测分析,可以为项目的开展提供建设性的建议和指导。

第五,引导保险证券发展基金对资源环境产业的投入。当前资源环境产业的发展存在明显的资金压力问题,因此,要充分发挥资本市场对我国资源环境产业的作用,为资源环境产业的发展提供低成本的融资,减轻新兴行业的资本压力,促进我国资源环境产业不断升级。

第六,引导和构建社会化的资源环境产业发展保证基金。资源环境产业发展保证基金将为我国资源环境产业发展注入新动力。在今后的发展中,我国应积极鼓励资源环境产业发展基金发挥积极作用。

8.3.2　法规制度和技术标准

新技术环境下,资源环境信息发展正步入全面渗透、加速转型、深度应用的新阶段,资源环境信息共享与个人隐私权保护的矛盾日益突出,这就要求更加重视资源环境信息资源的提供、使用、管理和知识产权保护,设立有针对性的法律法规,来明晰规范资源环境信息共享中信息资源的产权归属、产权的具体内容、信息共享中的产权定位及产权转让过程中的保密要求。承认并保护资源环境信息的隐私权,防范密码破译能力增强带来的非法侵入、物联网可跟踪性导致的隐私信息泄露及跟踪、移动终端异构接入带来的统一用户数据信息窃取和篡改,在大规模商用化和保护公民隐私权之间进行明晰、统一的法律诠释,明确在保护隐私方面行业与商家的权利与义务,保障行业秩序和公民权利。同时需要解决数据的互操作和各类信息的一致性同化问题,包括云计算资源环境信息系统的公用化体系架构问题、基于物联网的资源环境信息系统异构网络兼容问题、宽带移动通信系统的网络架构和通信协议问题等。这就要求加速完善网络新技术环境下资源环境信息标准体系的建立,重点完成基础通用性和应用型两类标准的建立,设计好与标准相配套的方法研究及服务规范研究。针对新技术环境下技术发展特点和规范管理需求,有以下三方面需要着重强调。

(1) 跨国性云应用。考虑到跨国性云应用地域性弱、信息流动性大的特点,结合各国政府在信息安全监管等方面可能存在的法律差异,重视虚拟化等技术引起的用户间物理界限模糊而可能导致的司法取证问题,要高起点、前瞻性推动符合国情和接轨国际的跨国云计算立法工作,细化完善我国互联网领域跨国云计算业务提供和使用的具体法规细则。在标准方面,面对云计算环境开发服务及信息安全方面标准仍处于初创阶段的现实,应在把握技术整体发展趋势的前提下,对标准体系统一规划,并进行顶层设计,实现信息安全解决方案的统一和兼容。

(2) 资源环境信息系统与物联网异构互融。资源环境信息系统应用于物联网,需要处理好空间信息服务与应用中的网络通信技术、网络管理技术、自治计算与海量信息融合技术、中间件及服务平台技术、信息应用终端技术,信息安全中的认证与访问控制技术、数据加密与解密技术、入侵检测与容错技术、物理及系统安全技术、安全应用与管理体系结构的统一标准指引等相关技术,建立起信息网络与物联网互联互通、信息共享的网络接口、协议标准和数据、信息、传感器及其管理标准。

(3) 移动互联分布式数据管理。移动用户的地理位置是不固定的,因此会产生多源数据,需要相关的技术来进行处理,如分布式处理技术,可以实现多用户并发访问。因此在设计网络架构及通信协议时,需要在操作系统、多功能软件、无线接入等方面,针对内置的操作需求、远程管理需求和统一用户数据信息,构建数据管理的标准体系,减少有限的带宽传输率与海量信息快速传输的矛盾,解决数据过滤和存储安全问题。

8.3.3　体制机制

(1) 实施创新驱动,提高技术支撑能力。在国家大力推进大众创业、万众创新的政策支持下,积极构建资源环境大数据科技创新体系,通过加强理论研究,创新技术方法,合理保护知识产权,推动科技成果的有效转化,不断提高创新技术的转化能力,全面、有序地推动资源环境大数据产业的创新发展。

(2) 营造新技术孵化环境。建立适合我国资源环境信息产业自主创新特点的产业结构和产业生态体系,发挥龙头企业的带动作用,建设国家级、省部级资源环境信息技术创新平台,重点支持成长性好的企业快速发展,培育一批创新活跃的科技型中小企业,形成以大带小、以小促大的大中小企业协同发展新格局。

(3) 加快改造传统资源环境大数据产业。探索多种经营模式,逐步实现存量优势向增量优势的转化,加快传统产业改造速度,提升传统企业的生产流程和管理模式,逐步拓宽市场营销渠道,提升应用产品的档次和层次,形成市场竞争力,提高自主知识产权高端仪器国际市场的占有率及核心技术软件的国产化。推进传统企业向现代企业转变,鼓励我国资源环境大数据产业走国际化的道路,在"走出去"的同时,积极"引进来",实现产业核心技术的二次开发和再创新。

8.3.4 人才支撑体系

对于我国这样一个网络大国,大数据和资源环境产业的人才建设本身就是一项系统工程,需要利用系统学的方法加以设计和实施。一是要培养大数据和资源环境产业领域的法律人才。随着网络在经济、社会领域的广泛渗透,数字媒体的知识产权保护、个人隐私保护、企业恶性竞争等经济社会纠纷会越来越多,传统的法律条款难以全面解释这些新问题,在网络空间数据保护领域的法律诉求将变得越来越强烈。二是要培养理解大数据和资源环境产业的综合创新人才,如首席信息官。因为大数据和资源环境信息融合不仅是一项技术工作,更是一种战略思维、一种管理革新,只有充分地理解数据背后所隐藏的巨大价值,创造新的思维模式,才能引领大数据和资源环境产业的未来。三是要培养优秀的大数据和资源环境产业科学家与工程师,包括规划师、工程师、架构师、分析师、应用师等,他们是建立具有自主知识产权的大数据和资源环境信息产业的中坚力量。四是要有一批优秀的企业家,他们能够发现大数据和资源环境信息产业所蕴含的商机,为大数据和资源环境信息产业价值的挖掘及成果产业化、为大数据和资源环境信息产业最终造福于广大公众提供最直接的支持。

要营造人尽其才的良好环境,推动人力资源市场化配置,探索人力资源互动的有效途径。鼓励和支持我国资源环境大数据企业进行人才建设的制度改革,探索更加市场化的人才激励机制,"以人为本",体现人才的创新价值,吸引一批既熟悉国情又通晓国际规则的复合型人才,培养一批高素质的企业家队伍。要建立人才服务体系,规范人才市场行为,提高和扩展人才市场的服务功能,为人才供需双方提供完善的跟踪服务。建立人力资源信息系统、个人职业信用体系、高级人才信息库,搭建全方位的人才资源信息系统。积极推进人才服务机构的市场化进程,逐步实现"政企分开""政资分开",创造条件吸引人才。

8.3.5 安全防线

正确理解安全与开放的关系是十分必要的。资源环境信息资源绝大部分掌握在各级政府和有关部门手中,要促进产业发展就必须要向有关企业开放这些资源,这就与资源环境信息安全保障工作存在一定的矛盾。因此,需要正确理解安全与开放的关系,做到以开放保安全,以安全促发展,即在加强信息安全管理工作的同时,正确处理资源环境数据保密与开发应用的关系,最大限度地向资源环境相关企业开放资源环境信息资源。通过有偿使用制度设计,鼓励政府部门共享和开放资源环境信息资源,并明确开放责任和权利,增加其开放的主动性和积极性。

本 章 小 结

资源环境大数据应用是一项系统性工程。开展资源环境大数据应用应基于资源环境本身的特征,根据国家大数据战略统筹布局,找准资源环境大数据应用的切入点,从多个角度进行资源环境大数据工程的顶层设计,规划资源环境大数据的关键技术,逐步带动资源环境大数据的应用与发展。

参 考 文 献

[1] 魏斌.推进环境保护大数据应用和发展的建议[J].环境保护,2015,43(19):21-24.

[2] 安煜,张永宁.环保大数据在环境污染治理过程中的运用[J].中国资源综合利用,2021,39(6):128-130.

[3] 杨应良.探究环保大数据在智慧环保监管领域的应用[J].低碳世界,2021,11(2):50-51.

[4] 田琼.大数据技术在环境监测中的应用[J].环境与发展,2019,31(3):115-116.

[5] 郑兆庆.大数据技术在环境监测中的应用探讨[J].皮革制作与环保科技,2021,2(2):15-17.

[6] 邹军,毕丹宏,孟斌,等.生态环境大数据监管平台的研究[J].信息技术与信息化,2021(1):28-31.

[7] 魏斌,郝千婷.生态环境大数据应用[M].北京:中国环境出版集团,2018.

拓展阅读

[1] 中华人民共和国自然资源部,https://www.mnr.gov.cn/.

[2] 中华人民共和国生态环境部,https://www.mee.gov.cn/.

[3] 国家生态数据中心资源共享服务平台,http://www.nesdc.org.cn/.

[4] 国家基础学科数据云,https://www.nbsdc.cn/.

[5] 国家空间科学数据中心,https://www.nssdc.ac.cn/mhsy/html/index.html#.

[6] 科学数据中心,https://www.casdc.cn/.

[7] 中国科技资源共享网,https://www.escience.org.cn/.

[8] 国家综合地球观测数据共享平台,https://www.chinageoss.cn/.

[9] 国家地球系统科学数据中心,http://www.geodata.cn/.

[10] 国家计量科学数据中心,https://www.nmdc.ac.cn/#.

[11] 地理空间数据云,http://www.gscloud.cn/home.

[12] 环境云—环境大数据开放平台,http://www.envicloud.cn/home.

习题与思考

1. 开展资源环境大数据应用具有哪些重要意义?

2. 推进资源环境大数据应用应坚持哪些原则?

3. 概括开展资源环境大数据应用的总体思路。

第9章

资源环境大数据应用的案例分析

学习目标

　　了解资源环境大数据在国土资源、水环境、大气环境、土壤环境、自然生态环境、渔业资源和城市垃圾等领域中的需求背景、应用方案和应用示例。

章节内容

　　本章对资源环境大数据在不同资源环境领域中的典型应用问题进行阐述，分析其需求背景和应用方案。通过列举这些典型应用，可以看出资源环境大数据在多个研究领域中的重要作用。

9.1　国土资源领域

9.1.1　需求背景

　　随着国土资源的数据增长和应用推广，国土资源信息化发展迅速。国土资源管理将得益于资源环境大数据的广泛应用。下面将以土地分类为例，介绍资源环境大数据分析在国土资源领域的应用状况。

9.1.2　应用方案

　　土地分类是指根据土地在性状、地域和用途等方面的差异性，将土地划分成若干个不同的类别。土地分类在国民经济建设、土地规划、土地整治、地震灾害分析等领域都起到了至关重要的作用。

　　遥感图像因其观测范围大的优势，为土地分类提供了有力的数据支撑。最初使用遥感图像进行土地分类主要靠目视解译，这种方法人工成本投入较大、效率低下且需要解译人员具备一定的专业知识，使目视解译的应用受到了极大的限制。在遥感大数据时代，遥感数据的数量呈指数级增长趋势，目视解译的方法更加难以满足实际应用对效率的要求，亟须一套高精度、自动化的土地利用分类方法体系。

随着资源环境大数据技术和人工智能技术的发展,以及计算和存储能力的迅速提升,使得海量遥感数据快速处理成为可能。在遥感大数据和人工智能技术突飞猛进的今天,迫切需要研究如何将以深度学习为代表的人工智能方法应用到土地分类任务,借助人工智能方法强大的特征学习能力来提升土地分类的性能,提高土地分类的准确率和效率。

9.1.3 应用案例

下面对面向国土资源调查的遥感图像土地分类应用方案进行介绍,首先介绍其主要的技术方法,然后基于资源环境大数据举例说明其应用场景。

1. 技术方法

在资源环境大数据时代,土地分类的主要流程可以分为图像数据采集、数据预处理、特征提取与选择和土地分类四个阶段。

(1) 对于图像数据采集,往往需要针对不同的土地分类研究目的来确定相应的采集方式。一般来说,对于大区域范围的土地研究,如国家土地覆盖情况的研究,只需要低分辨率的大尺度卫星遥感图像;而对于局部区域的土地分类研究,如城市土地分类,一般采用高精度分辨率图像。因此,在进行数据采集时,应考虑研究区域的大小、研究目的和意义等。

(2) 数据预处理的常用步骤包括图像预处理和图像增强。其中,图像增强的目的是增强图像的显示效果或者突出某些主要信息、抑制非主要信息。常用的图像增强方法包括空间域辐射增强、几何增强、SAR 图像斑点抑制、彩色图像增强和波段变换增强等。

(3) 特征提取与选择是土地正确分类的依据和关键。特征提取就是特征的表示和计算,对于不同的样本,理论上如果它们属于同一类别,那么它们的特征值应该非常接近;如果它们属于不同的类别,那么它们的特征值应该有较大差异。特征选择是根据特定的问题,从原始特征中选择具有明显区分意义的特征。在大数据时代,随着神经网络的发展,尤其是卷积神经网络在图像领域的成功应用,手动设计的特征逐渐被神经网络自动学习的特征所取代,如何设计一个能更好地学习特征的神经网络是目前的一个研究热点。

(4) 常用的土地分类方法可以划分为非监督分类方法和监督分类方法。非监督分类方法根据遥感图像中地物的统计特征和分布规律,从统计学的角度对地物类别进行划分。由于不知道各类地物的先验信息,其分类结果只是对不同类别做区分,并不能确定类别的属性。常用的非监督分类方法有 K 均值聚类、循环集群法和均值漂移法等。监督分类方法是根据训练样本,通过选择特征参数,建立判别函数,然后将图像中的各个像元划分到给定类别中的分类方法。其基本特征是在分类前知道各类别信息,需要学习和训练,利用一定数量的已知类别函数,再根据判别准则对图像的所属类别做出判定,完成图像分类。

2. 应用示例

以山西省大同市浑源县遥感影像图为例,展示了大数据时代人工智能算法在土地分类上的应用。所选用的遥感影像是 2019 年 8 月 21 日获取的国产高分六号宽幅(GF-6 WFV)影像和 2019 年 8 月 15 日获取的 Landsat 8 OLI2 多光谱影像。GF-6 WFV 影像的空间分辨率为 16m,Landsat 8 OLI2 影像的空间分辨率为 30m。该区域包含的地物要素有耕地、林地、草地和灌木、裸地、水域、矿区、城镇与农村用地等七种土地类型,种类丰富,具有较强的代表性[1]。

利用基于随机森林算法的土地分类方法,可以将 GF-6 WFV 影像和 Landsat 8 OLI2 影像上的地物进行智能自动分类,如图 9-1 所示。在分类结果中,耕地是浅黄色图斑;林地是深绿色图斑;草地和灌木是浅绿色图斑;裸地是浅紫色图斑;水域是浅蓝色图斑;矿区是深红色图斑;城镇与农村用地是浅红色图斑。基于 GF-6 WFV 影像的分类结果总体精度为 91.11%,基于 Landsat 8 OLI2 影像的分类结果总体精度为 87.87%,说明基于随机森林算法等人工智能技术的土地利用分类方法在对具有复杂场景的遥感图像(尤其是高空间分辨率遥感影像)进行地物分类方面具有较大的应用前景。

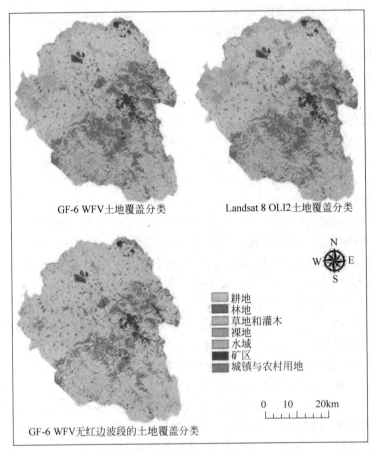

图 9-1　土地分类结果图

9.2　水环境领域

9.2.1　需求背景

目前,大数据技术的应用与经济发展的关系日益紧密,在水环境保护领域应用大数据技术一方面能够不断促进政府部门强化服务和监管的水平,另一方面可提升社会的治理能力。国务院在 2015 年印发《水污染防治行动计划》(又称"水十条"),是我国水污染治理历史上的转折点,表明了国家全面实施和推进水治理战略的决心和信心。自 2018 年 1 月 1 日起,新修订的《水污染防治法》开始在全国推行,将"水十条"提出的措施和规范予以法制化,进一步确立了水污染防治应当以预防为主、防治结合、综合治理的原则,明确了企业排污行为的违法界限,强化了重点水污染物的排放总量控制,全面推行排污许可证制度,并提出要完善水环境监测网络,建立水环境信息统一发布制度。

在"水十条"及《水污染防治法》的指导下,各级政府部门开始对区域内水环境的管理模式进行改进,水环境监测管理对象数量大、类型多、空间分布广、运行环境复杂、交织作用因素众多,对其进行全生命周期的精细化管控极其困难,因此,水质监测方式逐渐从传统的人工采样更新为信息化自动监测,对其进行全面监测和管理,大数据技术可以应用于水资源的实时监测、水量统计、水质分析等方面,并将有价值的结果以高度可视化方式主动推送给管理决策者,帮助管理人员实现数字化管理和实时水质远程监测,实现海量数据潜在价值信息挖掘,支撑环境污染协同管控与综合治理,改善水环境质量。

此外,水资源规划和决策需要综合考虑各种因素,如水量、水质、水价、水权等,水资源的合理调度和分配对于保障供水、灌溉和生态环境的平衡至关重要。大数据技术可以通过对水资源的采集、存储和分析,提供精确的水资源调度方案,优化水资源的利用效率,同时大数据技术应用于水资源模型的建立和优化,为水资源规划和决策提供科学的数据支持与决策工具[2]。

9.2.2　应用方案

在水环境领域,大数据技术主要围绕数据产生、储存、分析、呈现等过程进行应用,分别从基础设施、数据采集、管理、挖掘及应用进行布局。通过对水资源的多维度数据采集和监测,收集和挖掘隐藏在数据背后的污染类型、趋势等有价值的信息,构建从传感器到数据应用的水资源数字感知网络,构建从数据采集到精准管理的有效处理平台,为水环境综合数字化控制提供技术支撑。

9.2.3　应用案例

1. 虚拟数字河流:哈德森河的重生

虚拟数字河流是指通过数字技术模拟和重建真实世界中的河流系统,并为其赋予虚拟的特性和功能。哈德森河的重生是指利用虚拟数字河流技术来模拟和恢复哈德森河的生态系统和水文过程。

哈德森河是美国东北部的一条重要河流,流经纽约州和新泽西州等地。由于近代大型工厂倾倒的有毒化学物质以及居民造成的下水道污物的沉积,该河流受到严重的破坏,无法作为饮用水水源。纽约州政府为了恢复哈德森河的生态系统,发起了"新一代的水资源管理计划",虚拟数字河流技术被应用于对其进行模拟和重建。通过使用地理信息系统、遥感技术、数值模拟等工具和方法,可以获取和整合哈德森河流域的地理数据、水文数据、水质数据等信息。然后,利用这些数据和模型,可以建立一个虚拟的数字河流系统,模拟和重建哈德森河的水文过程、水质状况、生态系统等方面的情况。

具体实施如下:在河流全程安装传感器,收集水的不同层面及各种物理、化学、生物数据,实时地通过网络传递到后台的计算中心区。后台的计算中心区分为三个环节:①数据传输环节,传感器将收集到的数据以实时连续的方式传送给系统管理层;②数据清洗环节,后台通过消除数据的异源性,使数据一致化且互通;③可视化环节,在分析管理平台对这些数据进行可视化的展现。相关科研人员通过对计算结果的分析构建了哈德森河的环境模型,以有效评估人们的破坏行为,制订最佳的治理方案,最终实现治理效率的提升。虚拟数字河流技术可以提供一个全面、动态和可视化的平台,用于研究人员、决策者和公众了解和分析哈德森河的情况。通过模拟和重建,可以评估不同管理措施对河流生态系统的影响,预测未来的变化趋势,制定合理的保护和恢复策略。

2. MARVIN:富营养化监测平台

MARVIN 是一种富营养化监测平台,用于监测和评估水体中的富营养化程度。MARVIN 平台结合了地理信息系统、遥感技术和水质监测数据,提供了一个全面的富营养化监测和评估工具。它可以收集和整合水质监测数据、卫星遥感数据和环境参数等信息,通过数据分析和空间分析,生成富营养化的空间分布图、趋势分析图和预测模型。

MARVIN 可以收集和整合来自不同监测站点和数据源的水质监测数据、气象数据、土地利用数据等。这些数据可以被存储、管理和更新,以便后续的分析和评估。MARVIN 随后可对收集的数据进行统计分析、时空分析和空间插值等处理,以揭示富营养化的空间分布和趋势。通过空间分析,可以识别富营养化的热点区域和潜在的影响因素。MARVIN 可以生成富营养化的空间分布图、趋势分析图和预测模型,并以可视化的方式展示给用户。这些可视化结果可以帮助决策者和研究人员更好地理解和评估富营养化问题。MARVIN 可以根据监测数据和模型结果,提供富营养化的预警和决策支持。通过及时的预警和有效的管理措施,可以减轻富营养化对水体生态系统和人类健康的影响。MARVIN 利用 GIS、遥感和水质监测数据等技术,帮助监测和评估水体富营养化程度,并提供决策支持和管理措施。它对于保护水体生态系统和改善水质具有重要的意义。

3. NUSwan 系统:高效监控水库水质

NUSwan 系统是一种用于高效监控水库水质的系统。它是由新加坡国立大学(National University of Singapore)开发的,利用了无人机和水下机器人技术,以及先进的传感器和数据分析算法。NUSwan 系统的主要目标是实时监测水库的水质,并提供准确的数据和分析结果,以支持水资源管理和环境保护。该系统可以监测水库中的多个关键参数,如水温、溶解氧、浊度、pH 值、氨氮、总磷等。这些参数对于评估水质状况和富营养化程度非常重要。

NUSwan 系统采用无人机和水下机器人相结合的方式进行监测。无人机可以飞越水库表面,使用遥感技术获取大范围的水质数据,并进行快速的数据收集。水下机器人则可以深入水体中,获取更详细和准确的水质数据,同时还可以进行水下摄像和样品采集等操作。NUSwan 系统还配备了先进的传感器和数据分析算法。传感器可以实时监测水质参数,并将数据传输到中心服务器进行处理和分析。数据分析算法可以对水质数据进行实时分析和预测,帮助识别水质异常和富营养化问题,并提供相应的建议和措施。NUSwan 系统通过无人机和水下机器人技术,以及先进的传感器和数据分析算法,实现了高效监控水库水质的目标。它可以提供准确的水质数据和分析结果,帮助水资源管理者和环境保护机构及时了解水库的水质状况,采取相应的措施和管理策略,保护水体生态系统和人类健康。

9.3　大气环境领域

9.3.1　需求背景

当前,大气环境污染治理既需要形成政府、企业、社会公众共治的格局,也需要运用大数据、互联网、云计算等信息化技术手段智慧治理。运用大数据创新环境监管能力,推动大气环境管理战略转型是一项全局性、系统性、持续性的工作,需要加强顶层设计、长远规划,全面布局、重点突破。大数据应用和发展势不可当,大数据必将对大气环境管理理念、管理方式产生巨大的影响和改变,开展环境保护大数据应用具有重要的现实意义[3]。

9.3.2　应用方案

大数据成为提高大气环境治理能力现代化的新途径。推进国家大气环境治理体系和治理能力现代化,需要构建以政府、企业、社会公众为主体的环境污染防治体系,需要突出污染源企业的主体责任,需要发挥社会公众参与大气环境污染治理的作用。通过互联网服务平台,政府部门采集大量社会公众需求信息,收集民意信息、诉求信息,与环境保护部门的数据相结合,形成环保大数据。通过对环保大数据进行分析,发现现象背后的规律,提高生态环境治理的精准性和有效性。大数据能够变革社会治理的思考方式,将成为提高生态环境治理能力现代化的有效手段。推进国家生态环境治理体系和治理能力现代化,需要打造精准治污、科学治污、多方协作的环境治理新模式。精准治污、科学治污就是要找准问题、分析根源、精准发力,做到事半功倍,这就是大数据的用武之地。用大数据思维精准治污就是"用数据说话、用数据管理、用数据决策",使政府管理从粗放型向精细化、精准化转变,从被动向主动转变,从经验、直觉判断向大数据科学决策转变。"用数据说话"是用数据说清环境质量现状及其变化情况,准确预测、预报、预警环境质量,准确预测、预警各类大气环境污染事故的发生与发展,厘清污染物排放情况及来源,说清区域流域大气环境质量、大气环境容量和污染物排放总量之间的响应关系。"用数据管理、用数据决策",污染治理才能更加精细、精准,更加科学。

大数据成为促进大气环境管理和科学决策的新工具。大气环境信息资源开发利用程度是衡量环境信息化水平的重要标志,大数据应用可以加速推动政府部门信息资源的开发利用,推动政府部门管理创新。利用大数据技术能够对环境管理中看似毫无关联的、碎片化的信息及反映问题某个方面表面现象的信息进行关联分析,从中发现趋势、找准问题、把握规律,实现政府部门"用数据说话、用数据管理、用数据决策",推动各类问题的有效解决,提高政府管理决策的水平。大数据应用在加强环境管理和公共服务,说清污染物排放状况,说清环境质量的现状及其变化趋势,准确预测、预报、预警环境质量,准确预测、预警各类环境污染事故的发生、发展,提高环境形势分析能力等方面发挥着越来越重要的作用,成为促进环境管理和科学决策的新工具。

大数据成为推动大气环境监管创新的新手段。随着环境问题越来越复杂,大气环境监管的难度越来越大,仅靠人员有限的环境执法队伍和通常的执法手段难以应对监管要求,迫切需要转变思维观念,创新监管手段,运用物联网、大数据等信息化打造新的监管利器。企业违法偷排、超标排放,环境监测数据造假一直是环境监管的难点,通过共享发展和改革委员会、工信、工商、税务、质监、银行、海关、交通和商务等部门有关污染源企业信息,以及社会公众举报的信息,开展大数据综合分析,能够发现环境监测数据造假、未批先建等环境违法行为,提高执法的精准性,提高环境监管水平,成为推动环境监管创新的新手段。

9.3.3　应用案例

京津冀及周边地区("2+26"个城市)是大气污染治理的重点区域。监管执法工作最重要的一个环节就是发现问题。京津冀及周边地区"散乱污"企业以及主要污染物贡献区域是监管的重点、难点。这些"散乱污"企业主要分布在城乡接合部、行政区域边界等环境复杂区域和偏远山区、农村地区等监管盲区,摸清这些"散乱污"企业的底数、实施监管的难度较大。利用地面环境监测数据、卫星遥感监测数据、社会公众举报数据,以及原国家工商行政管理总局、国家电网及其他部门数据,精准发现京津冀及周边地区"散乱污"企业,确定主要污染物排放区域,为大气污染监管提供重要的支撑。

1. 大气污染热点网格

将京津冀及周边地区划分为 36 793 个网格。利用大数据分析技术、认知计算技术对卫星遥感、卫星遥感反演方法、气象观测、空气质量地面观测等各类数据进行分析,计算出各个网格的污染物浓度,再根据各个网格的污染物浓度值进行排序,筛选出污染物排放占整个区域的 80% 的网格。执法人员重点针对这些网格开展督察,容易发现问题,提高环境监管的精准性。

2. "散乱污"企业督查

2017 年 4 月,为了推动大气环境质量持续改善,环境保护部抽调了 5 600 名环境执法人员开展强化督察工作。强化督察主要包括相关地方各级政府及有关部门落实大气污染防治任务情况,固定污染源环保设施运行及达标排放情况,"高架源"自动监测设施安装"散乱污"企业排查,错峰生产企业停产、限产措施执行情况,涉挥发性有机污染物企业治理设施安装运行情况等。其中"散乱污"企业排查是一项难度极大的工作。实际上,强化督察不是漫无目的的,而是有明确的方向和坐标。在京津冀城市开展督察时,督察人员会拿到一份督察企业清单,按照督察清单开展督察。这份清单是通过对原国家工商行政管理总局、原国家质检总局、国家税务总局、国家统计局、国家电网的企业数据进行比对、筛选、校验、匹配形成的。原国家工商行政管理总局的企业注册数据库包含比较全面的企业信息,任何一家企业,包括"散乱污"企业,都要到工商局进行注册登记。按照国家税务总局、国家统计局、国家电网经营范围和生产产品等属性,从原国家工商行政管理总局数据库筛选出与环境污染有关的企业,再与国家税务总局、国家电网数据及其他部门数据进行比对,过滤掉那些已经关闭和不生产的企业,这样就得到一份初步的污染源企业清单,再根据"散乱污"企业的特点和企业的地址信息,利用地理信息系统技术计算出企业的空间经纬度坐标信息,这样就可得出一份具有定位的"散乱污"企业清单。强化督察人员按照这份清单,通过手机 App 应用程序,准确地导航到这些企业查找问题。

3. "12369"微信举报

2015 年,环境保护部正式开通了"12369"微信举报,开通的当天,全国共收到 1 300 多件微信举报。到2016年,微信举报达65 000多件,到2017年就达到10万件,基本上一个月就有1万多件的微信举报。微信举报不但方便社会公众举报环境违法行为,而且为环境执法人员提供了准确的违法企业位置,提升了环境监管的精准性。微信举报有直接定位功能,能准确地提供违法企业的地理位置。社会公众一旦发现环境违法行为,可随时随地将环境违法情况、图片、视频发送到"12369"微信举报平台,当地环境执法人员收到举报信息,精准高效。微信举报的另一优点是国家和地方共享举报信息,如果微信举报没被处理,原环境保护部就会督促地方加快处理。电话举报的解决率为20%~30%,微信举报可以达到80%~90%。微信举报为环境违法督查工作带来重大的变革。

9.4 土壤环境领域

9.4.1 需求背景

我国政府在2016年提出了土壤污染防治行动计划,并对土壤环境质量进行了深入调查。实行每十年一次的土壤环境质量状况定期调查制度,积极建立土壤环境质量监测网络。到2020年年底,我们必须实现所有市县的土壤环境质量监测,以提高土壤环境的信息管理价值。防治行动计划的提出为土壤环境质量监测的大数据应用提供了场景需求。自20世纪80年代以来,随着信息化建设的发展,土壤作为环境研究的主要对象之一,已经被研究并形成了海量数据基础,包括结构化的数值数据、半结构化和非结构化的图片、视频和视图数据。总体而言,土壤环境数据具有以下特点:①低波动性和公众敏感性,很难在相对较短的时间内发现对环境和人类的潜在影响;②监测时间长,需要数据积累;③监测数据的多维性,在以土壤为主要环境因素的条件下,应考虑其他环境因素的综合影响。

在大数据时代,土壤数据比以往任何时候都更可用、更丰富,但除了少数大型土壤调查资源之外,它们在很大程度上仍然无法用于为土壤管理提供信息和了解原始研究之外的地球系统过程。这需要我们考虑原始历史数据的融合,并设置一套可扩展、多变量的数据管理和存储框架的管理技术与模式。基于大数据相关技术的土壤环境信息化建设是未来的必然要求。

Adi和Grunwald(2020年)开发了一种新的统计技术,用于表征土壤财产的析因建模,该技术允许整合混合型土壤环境数据集(分类变量和连续变量),并避免多重共线性。引入了一种两步回归技术,将线性回归(岭回归和贝叶斯线性回归)与潜在变量模型(偏最小二乘回归和稀疏贝叶斯无限因子)相结合,以预测美国佛罗里达州的表层土壤总有机碳。为此,目标变量以"合作"的方式与混合型协变量融合,这些协变量与土壤、地形、生态、岩性、大气、水文、生物和人类特征有关(DAI-DAO,1级)。结果表明,与现有方法相比,这种新的建模方法可以提供更准确的估计,因此在改进土壤属性预测方面具有巨大潜力。

总的来说,将大数据应用在土壤环境领域的意义主要有以下几点:①数据整合和共享。土壤环境研究需要整合不同来源的数据,包括实地监测数据、遥感数据、实验室分析数据等。大数据技术可以帮助实现不同数据源的整合和共享,提高数据的可访问性和可利用性。②数据分析和模型建立。土壤环境数据通常是复杂、多维的,需要进行深入的数据分析和模型建立。大数据技术提供了强大的计算和分析能力,可以帮助研究人员挖掘土壤数据中的规律和趋势,建立预测模型和决策支持系统,为土壤环境管理提供科学依据。③精细化管理和监测。大数据技术可以实现对土壤环境的实时、精细化管理和监测。通过传感器、物联网等技术,可以实时采集土壤数据,监测土壤质量、水分、养分等指标的变化,及时发现问题并采取相应的管理措施。④预测和决策支持。大数据技术可以帮助预测土壤环境的变化趋势和未来发展趋势,为土壤环境管理和决策提供支持。通过对大量土壤环境数据的分析和挖掘,可以帮助政府和企业制定土壤环境保护政策、规划土地利用、评估环境影响等,提高土壤环境管理的科学性和效率。⑤可持续土地利用和环境保护。通过对土壤环境数据的分析和挖掘,可以评估土地利用对土壤环境的影响,提供科学的土地规划和管理建议,促进可持续的土地利用和环境保护。

9.4.2 应用方案

1. 移动互联和手持终端数据采集技术

移动互联和手持终端数据采集技术在场地污染调查中起着重要的作用。通过资料收集、人员访谈和现场踏勘等方法,可以获取已有的场地污染调查数据中的调查报告里的文本数据。这些数据可以帮助我们对场地和周边环境、危废设施/构筑物情况、场地利用方式以及场地污染特点进行调查分析,进而进行场地污染调查和风险评估。此外,我们还可以利用数据库检索相关的文献和资料,以了解涉及场地污染识别的信息。通过对各地区、各行业中企业的生产原料、生产过程和生产排放等数据进行分析,并对其进行总结,我们可以建立一个区域内的环境质量评价指数。然而,由于点源的类型不同、点源之间的差异,以及手工提取或对提取的点源信息进行点源解析与挖掘时存在的问题,使我们面临效率低下、规范性差等挑战。

一般情况下,是利用现场勘察、资料搜集与访谈等方式来获取企业生产周期、产品和生产原辅料、污染源特征、迁移方式和敏感受体等数据。相较于传统的纸质和人工记录收集数据方式,基于移动互联网、全球定位系统的手持终端信息采集技术能够用于准确、高效地采集场地信息,且其具有自动化程度高的优点,还可以形成完备的电子档案。采用手持终端替代传统的纸质记录单、人员访谈等方法,能够有效提高场地特征指标数据采集效率、记录规范化和精确度,且有利于场地调查数据集结构化的形成。

最近几年,现场调查的信息化管理技术有了很大的发展,在"农业土地上的土壤污染情况详查"和"重点工业企业的土地污染情况调查"过程中,已经开始利用手机和信息管理平台对调查的数据进行采集、存储和管理。目前,已经有一些省(区、市)的生态环境部门、大型企业等,相继对地点调查和信息管理平台进行了设计和开发,将其应用到对关闭搬迁企业地块、工业园区和典型行业企业及其周边的土壤污染情况调查等工作中,从而使我国土壤环境管理的信息化程度得到了提升[4]。

2. 基于大数据框架构建场地污染智能识别信息系统

随着 Hadoop、Spark 等技术的快速发展,以分布式架构为基础的大规模数据处理技术已经逐渐被人们所使用。大数据技术通过对单个机器进行时空并行,克服了单个机器计算能力有限的缺陷,极大地提高了对海量复杂冗余数据的处理能力。Hadoop 是当前使用最多的分布式大数据处理架构,由 HDFS、Yarn 和 MapReduce 组成,实现了分布式存储、分布式资源调度和分布式计算,具有可靠、高效、可扩展等特性。

Hadoop 在广义生态系统中也包含了 Flink、Zookeeper、Sqoop、Hive、HBase、Flume、Pig 等部件和工具,使群集管理和分散的合作更加完美。这些工具的结合能够提供更强大的数据处理和分析能力,为各种应用场景提供支持。同时,Spark 作为另一种大数据处理框架,也在业界得到了广泛应用。Spark 自身不支持分布式文件,主要依靠 Hadoop 的 HDFS,它还保留了 MapReduce 的可扩展性和容错特性,将计算过程的中间部分都保留在存储空间,因此它具备更高的计算效率、更广的兼容性和更高的容错能力。

无论是 MapReduce 还是 Spark MLlib,它们都是以一个分布体系结构为基础的,既可以进行数据计算,又可以进行机器学习,这些技术可以应用于各种领域,如协作筛选、降维等常见方法,以及部分高级 API,在大规模数据的应用中可以有效地降低机器学习的计算复杂度。在场地污染智能识别方面,已有学者提出了基于 Hadoop 的数据处理方法,以多源遥感数据、连续环境监测数据为代表的多源遥感数据、连续环境监测数据为对象,进行了基于 Hadoop 的数据处理与处理方法的研究。这些研究为场地污染的识别和处理提供了技术支持。

当前,我国已有学者从场地污染辨识的实际需要出发,探讨建立基于场地环境大数据的应用系统。利用大数据技术,可以有效提升海量数据的处理能力和解析能力,为多源异构数据的清洗、融合、挖掘与决策提供技术支撑。基于大数据框架构建场地污染智能识别信息系统,可以帮助实现对场地污染的自动化识别和监测,并提供相应的决策支持。该系统可以利用 Hadoop 的分布式存储和计算能力,对大规模的场地环境数据进行处理和分析。通过对多源遥感数据、连续环境监测数据等数据源的整合和分析,可以实现对场地污染的智能识别。同时,利用 Spark 的高性能计算能力和机器学习库,可以进行更复杂的数据分析和模型训练,提高对场地污染的预测和评估能力。该系统还可以通过数据清洗、融合和挖掘等技术,从海量的场地环境数据中提取有价值的信息,为决策者提供准确的数据支持。通过可视化和交互式的界面,决策者可以直观地了解场地污染的情况,并根据系统提供的分析结果进行相应的决策。

总之,基于大数据框架构建场地污染智能识别信息系统,可以充分利用 Hadoop 和 Spark 等技术的优势,提高场地污染数据的处理和分析能力,为场地污染的识别和决策提供技术支持。这将对环境保护和可持续发展产生积极的影响,为我们创造更清洁和健康的生活环境。

9.4.3　应用案例

1. 潜在污染场地识别研究

随着我国工业化的发展,导致受到污染的场地正在逐渐增加。2005—2013 年土壤污染调查显示,中国重污染企业及其周边土壤点的超标率占 36.3%。许多被污染的场地对人类健康和当地生态构成了重大威胁,引起了公众对受污染场地的日益关注,只有少数事件得到了有效识别。因此,了解潜在场地污染的位置和数量并进行风险评估对未来的现场抽样调查和风险管理至关重要。

潜在污染场地的识别已成为潜在污染场地风险管理最重要的初始任务,这可能有助于决策者和利益相关者对其进行调查和清理。有研究通过 POI(一种可用、免费和开放访问的数据源)和模糊匹配算法获得了所有数据集的坐标。中国政府已经进行了多轮企业调查,如历史工业企业和建设用地土壤污染风险控制与修复,这些调查为实地调查奠定了基础,并为潜在污染场地的识别提供了可能。然而,潜在污染场地的准确位置(其中一些可以位于城市或地级市)由于保密性而不可用。潜在污染场地的识别具有数据源多、类型复杂、非结构化文本数据比例大的特点。此外,其中使用的所有数据集都在一定程度上缺乏关键信息,因此,通过建立基于模糊匹配算法的不同数据源的融合和挖掘,来填充不同数据集之间的关键信息。特别是,它将工业企业与(潜在的)污染场所联系起来,因为工业企业的调查数据涵盖了很长的时间序列数据(2000—2015 年)。最后,我们确定了潜在污染场地在研究区域的数量和位置,并初步阐明了潜在污染场地的时空分布特征。

这使我们可以更好地了解潜在污染场地的分布情况,为进一步的调查和风险管理提供指导。识别潜在污染场地的位置和数量是解决土地污染问题的重要一步。这项研究的结果可以帮助决策者和利益相关者制订有效的污染治理和修复计划,以减少对人类健康和环境的不利影响。然而,需要注意的是,潜在污染场地的识别只是解决土地污染问题的第一步。在进一步的调查和风险管理过程中,还需要深入了解污染源、污染物种类和程度、污染扩散路径等因素。只有全面了解这些信息,才能制订出针对性的污染治理和修复方案,最大限度地减少对环境和人类健康的损害。

2. 大数据在场地污染识别中的研究

场地污染被认为是世界范围内一个严重的环境污染问题,并在区域和国家层面的识别、风险评估和管理实践中得到了广泛讨论。如果政府否认存在任何环境污染,或者如果没有对潜在污染的区域场地进行调查,情况将会恶化。2016 年 5 月 28 日,我国政府发布了《土壤污染防治行动计划》,其中指出,到 2030 年,我国 95% 的污染场地可以安全使用。然而,MEE & MNR 发布的报告(2014 年)仍处于初步阶段。它没有提供关于现场数量、位置、污染程度或风险的实际信息。浙江大学史舟教授团队通过建立一个新的长江三角洲工业企业场地初步风险评估框架,来确定潜在的污染场地,他们首先收集了与污染场地相关的多源数据,开发了用于场地数据融合的文本挖掘算法,并构建了四种用于区域工业企业场地初步风险评估的机器学习方法。然后,通过使用拟议的框架确定了 2000—2015 年长江三角洲工业企业场地的初步风险排名以及潜在污染场地的位置和数量。在长江三角洲地区建立了2000—2015 年需要进一步调查的工业企业场地的优先(或排名)名单,并确定了潜在的污染场地。事实上,环境管理政策的变化和产业重组不可避免地会在不同时期影响潜在污染场地的位置、数量和风险。该研究结果表明,长江三角洲潜在污染场地经历了上升和下降阶段,这表明地方政府正在管理和修复(潜在)污染场地,同时经济正在快速发展。

9.5   自然生态环境领域

9.5.1   需求背景

随着工业化、城镇化的加速推进,自然资源枯竭、土地退化、生物多样性减少、生境破碎化、水资源污染、大气污染等问题严重制约社会可持续发展的资源、环境和生态的发展。不仅会造成巨大经济损失,还会严重威胁到人类健康和生命安全。气候变化被视为生物多样性和生态系统的主要威胁之一,影响着候鸟类物种的生存和繁殖。例如,气候变暖使繁殖地环境变得适宜,从而可以越冬,将导致部分迁徙种群倾向于居留。气候变暖会导致大多数鸟类的迁徙期提前,同时对鸟类栖息地的各种条件产生影响,从而对鸟类越冬产生影响。因此,有必要预测未来气候变化情景下候鸟空间分布的变化趋势,以对国家保护区的建立提供建议。在气候变化的情况下,物种可能会从原来的栖息地迁移到新的适应性栖息地,表明气候变化对物种的生境影响较大。随着气候变化,物种不断迁徙。这种动态迁徙也可能导致局部物种灭绝,特别是对迁徙能力和适应能力较弱的物种。一个物种是否可以适应气候变化取决于物种的可塑性、遗传气候的变化和平衡。此外,物种对气候的反应变化还取决于某些特征,如地理范围的大小、扩散能力、繁殖率及其程度特殊的栖息地需求。个体物种不会以一种独立特殊的方式反馈气候变化,因此,有必要以单个物种的现状分布区来预测其应对气候变化情景下物种栖息地的分布区。物种分布区的变化取决于包括温度和降水在内的许多气候因素,但真正的挑战在于预测气候的各个因子对物种分布的最大影响。

9.5.2 应用方案

物种分布模型(SDM)主要是利用每个物种的分布区与气候之间的关系,根据特定的算法估计物种的生态位,并空间投影到景观中。它是用来衡量物种对栖息地环境偏好的重要工具,可以作为研究物种分布优先区的参考,也可以用于评价栖息地对物种的适宜性程度。最大熵模型(maximum entropy,Maxent)由于评价结果准确度更高、所需数据获取方便,因此被广泛采用[5]。导入两种数据:每个物种所在地点的经纬度和 12 个环境变量。我们对 70% 的地方记录进行了随机抽样,以运行模型作为训练数据,剩余 30% 用于模型评价,作为测试数据。此外,我们使用 repeat 进行了 1 000 次迭代和 10 次重复分割抽样,以减少误差。调查哪些气候变量对我们的物种分布模型的贡献最大,并排列使用 Maxent 输出的重要性方法得到每个气候变量的重要性。我们采用了平等的训练敏感度和特异度阈值转换的逻辑输出模型到存在-缺失二元地图,并应用该方法得到各物种的最可能分布区。Maxent 中的其他参数都是默认设置。对各物种分布模型的性能进行了评价,使用受试者工作特征的曲线下面积(AUC)评分曲线(ROC)。为减少模型性能估计的偏差,我们使用交叉验证来预估模型,并考虑 AUC 超过 0.7 才为良好的模型性能。我们将单个物种的图谱叠加得到 CR、EN、VU 图谱物种和所有物种分别在当前和未来气候下改变场景。然后,我们确定了 CR、EN、VU 或全部的热点,通过将每个群体中最富有的 5% 的区域定义为热点来进行物种分类。随后,我们使用了 NNRs 地图地球保护网站(https://www.protectedplanet.net/)来计算所有物种分布范围和热点的百分比。最后,评估物种分布的变化气候变化,通过对比当前和未来所有物种的热点范围分布地图,我们评估了稳定范围、增加范围和损失范围。此外,我们还通过在每个像素计算未来丰富度和当前丰富度的差异分析了物种丰富度的变化。以百分数表示物种的稳定范围是当前研究热点与未来研究热点的重叠区域。而物种活动范围的增加或减少则以预测成为适宜或不适宜地区的面积分别在未来与当前进行比较。我们估计通过计算差异得出所有物种热点范围的变化范围。

9.5.3 应用案例

鉴于中国是世界上人口众多的国家、世界第二大经济体,社会的飞速发展严重影响了重点鸟类栖息地。针对气候变化下,受威胁的候鸟栖息地红区的变化问题。首先选取了 44 个 IUCN 红色名录(IUCN,2014 年),其中,临界物种濒危(CR)5 个物种、濒危(EN)15 个物种和脆弱(Vulnerable,VU)24 个物种。收集发生地点记录两个来源:①鸟类报告(http://birdreport.cn/bird/,2014—2017 年,由鸟类观察者收集);②在鸟类调查中取得的记录。随着社会的发展,越来越多的观鸟者进行了许多可用的记录。记录由经验丰富的人核对以减少观鸟者之间的误差,并删除具有模糊性空间位置和不确定的记录。从谷歌地图获得区域的经度通过手动导入位置名称。样本位置利用 ArcGIS 10.2(ESRI,2012 年)进行确定。为减少统计误差,选取 28 个鸟种用于构建鸟类潜在分布模型。其余 16 种则用于制作鸟类分布散点图。同时,来自鸟类观察者的事件数据因有其自身的局限性。例如,观鸟者在中国的分布并不均匀,导致鸟种分布数据的潜在空间偏差。

23 个环境和生物气候变量因子:针对当前气候条件的 19 个生物气候变量(1970—2000 年的平均值)和预测的未来气候条件下(2041—2060 年,以下简称 2050 年)(http://www.worldclim.org),到水源地的距离,到道路的距离,土地利用类型(GLC-2010)[地理空间数据云(http://www.gscloud.cn)],所有变量用 30's(~1 千米)分辨率,高程数据[来自GLOBELAND30 网站全球高程模型(GDEMV230m)]等 23 个变量作为环境变量。为预测未来气候条件下物种分布模型,在两种未来气候情境下,我们就气候变化对物种分布影响进行了预测。RCP 4.5 是一个积极的未来气候情景,排放量将在 2040 年左右达到峰值;RCP 8.5 是一个悲观的未来气候情景,21 世纪排放量将继续上升。对于每个气候情景,我们使用由美国联邦科学和工业公司应用的全球气候模型研究组织和气象局(ACCESS 1.0)发布的数据。而与使用全球气候变化情景相关的潜在问题在局部尺度上,物种分布模型(SDMs)已被广泛应用于预测未来气候变化对物种和生态系统分布的影响,因为它们代表了不同的未来场景,强调了气候变化对物种生境的威胁。世界公认的世界气候变化协会的气候数据可以用来构建物种分布模型。在建立物种分布模型之前,首先对 23 个环境变量进行相关性检验,结果表明,23 个环境变量中有 11 个变量与其他变量相关性较高,因此仅保留相关性较低的 12 个环境变量(相关系数小于±0.8),包括周日范围(BIO2),等温线(BIO3),月最高平均温度(BIO5),冷月最低温度(BIO6),温度年变化幅度(BIO7),季节性降水量(BIO15),年降水最暖季(BIO18),最冷季降水量(BIO19),数字高程模型(DEM)、距水源地距离、距道路距离和土地利用(2010)。如果两个变量高度相关,则选择我们认为对物种分布影响最大的变量。

结果表明,所有物种的分布红区可能仍然在长江的沿海地区、渤海湾和黄海。我们的研究结果表明,中国所有濒危物种分布区位于国家自然保护区(NNRs)的比率仍然较低。因此,我们建议扩大东部地区的国家自然保护区范围。更重要的是,我们应该重视建立保护区并使其成为世界拉姆萨尔湿地,并加强与周边国家的合作,共享最多物种发生数据;覆盖每个物种分类群的单个物种分布图,以评估数据效率;权衡城市发展及生态系统的稳定性,以创建新的、更有活力的自然保护区,使其成为拉姆萨尔湿地,以长期保护其生态系统稳定,最终实现世界可持续发展。

建立自然保护区是一种有用的保护物种的工具,无效的治理可能会破坏生物多样性。NNRs 主要集中在中国西部地区,物种分布区较多地位于中国东部地区。此外,所有受威胁物种分布于中国 NNRs 覆盖的百分比较低,热点地区覆盖的物种较少。在当前和未来的气候条件下,所有被 NNRs 覆盖的物种分布区都较低。在气候变化情景下,中国 NNRs 严重不足。因此,中国迫切需要增加和扩大华东地区的自然保护区。研究指出,中国的大多数自然保护区都是没有明确的规划框架,导致出现"纸公园",以致无法实现可持续发展。另外,我们预测许多物种仍然存在保护缺口,但保护缺口也可能在未来发生变化。我们的结果表明,大部分热点区可能受气候变化的影响,例如,分布于渤海湾和黄海沿岸的鸟种,其分布区受气候变化影响。因此,我们提出了创建动态的沿海地区保护区。首先,中国要加强与周边国家合作,最大限度地共享物种发生数据(尤其是濒危物种)。接着,利用物种分布模型,对每个物种分类群进行海岸带自然保护区的效率评估和预测气候变化下热点区的变化。其次,管理应该权衡城市发展和生态系统稳定,使其发展成为拉姆萨尔国际湿地保护区。最后,我们应该呼吁人们长期保护生态系统的稳定以实现世界的可持续发展。

9.6　渔业资源领域

9.6.1　需求背景

遥感大数据是基于遥测感知的手段快速实时获取具有数据多元化的大体量、高价值的遥感数据理论、技术和应用。遥感大数据作为大数据的典型代表,已成为科学研究的重要途径。大数据通常而言具有数据量大、类型繁多、速度快、时效强和潜在价值大等典型特征。遥感大数据的应用领域非常广泛,可应用于农业、工业、灾害应急、生态环境监测等各个方面。

海洋是海洋生物生存和活动的场所,海洋环境与海洋生物的生存息息相关,每一个环境参数的变化都会影响鱼类的繁殖、补充、生长、死亡及空间分布。由于海洋环境与海洋渔业资源的分布及数量的变动存在紧密关系,海洋渔业资源的开发管理与保护需要大量的海洋环境数据,需要实时、同步、高效地掌握海洋环境要素的变化,传统的实测海洋数据的方法无法满足该要求,而卫星遥感能大面积、长时间、近实时地获取海洋环境数据,使其在海洋渔业资源开发、管理与保护中的作用越来越大,特别是我国作为海洋大国,渔业资源丰富,卫星遥感大数据技术的开发应用在海洋渔业资源评估、渔情预报、鱼类栖息地分类与保护、渔船监测、渔业安全和渔具渔法等方面具有重要意义[6]。

9.6.2　应用方案

遥感大数据技术近年来被广泛用来监测评估海洋资源环境变化的信息,如叶绿素浓度、初级生产力水平、海洋渔业资源的分布、海冰的运动、海流及水团等。掌握了这些环境因素,我们就可以对海洋这个大型的生态系统展开更深入的研究与开发。

从 20 世纪 70 年代后期开始,世界各国就开始有计划地发射遥感卫星,以用于海洋观测。科学家们根据一些海洋要素如海表面温度、海面盐度、海风、海浪、海流、水深、浮游生物、溶解氧等的电磁波特性,结合各类卫星遥感所获得的数据,对海温、海流、饵料、海洋生物等展开了由定性到定量、由粗浅到深入的研究。从宏观的角度和视野来研究海洋生态系统的动态变化,不失为海洋研究的新型手段和内容。

我国渔业遥感起步较晚。20世纪90年代前,由于没有自己的遥感卫星,我国的海洋观测以分享国外的卫星遥感资源为主。80年代中期,我国建立陆地卫星遥感数据地面接收站,接收的 MSS,TM 数据在渔业方面都曾经作出过较大贡献。例如,1984年我国渔业部门利用 NOAA(美国国家海洋大气局)提供的遥感卫星红外影像信息,反演成海面温度图像,对黄海海域蓝点马鲛渔场,黄海、东海海底拖网渔场进行了相关分析,结合各种鱼类的温度喜好及生物学中的鱼群的洄游习性,预报渔情,并取得了一定的社会经济效益。再例如,1987年年末,利用由国外遥感卫星数据反演出的"东海、黄海渔场海况速报图"分析渔场,大连、上海和宁波3个海洋渔业公司缩短了寻渔时间,节约了燃料油约21%。

近几年来,随着我国自主研制遥感卫星的不断升空,我国学者对卫星遥感在渔业上的应用进行了大量的深入研究,尤其是远洋渔业方面。如对北太平洋柔鱼和秋刀鱼渔场及东南太平洋竹䇲鱼渔场做了遥感观测,探讨出渔场中海洋环境因子的分布特征,推理总结出生产统计资料和环境因子间的关系,从而确定了不同时期渔场的海洋环境特征,奠定了渔场预报的基础。目前,对海水表层温度卫星遥感反演模式相对较成熟,反演精度可达$\pm 0.5^{\circ}\text{C}$。

遥感技术在海洋渔业资源开发与利用方面的应用体现在很多方面。例如,利用遥感卫星来改变中心渔场位置、渔汛期早晚和渔场产量。这可以通过观察海洋环境的状态因子做到,因为海洋鱼类的生存、繁殖依赖于海洋环境状态。具体的因子包括直接影响鱼类的生存、繁殖、洄游和分布的水色、水温、海水盐度等。

这里重点讨论海水的水色(叶绿素浓度)和水温遥感观测技术在获取渔业资源信息中的应用。

首先是海水叶绿素浓度的遥感观测。叶绿素浓度是海洋浮游植物以及海洋动力过程的示踪剂。叶绿素信息在渔业上的应用主要是基于海洋生态系统中食物链理论,即浮游植物浓度高的海域促使以浮游植物为食的浮游动物资源丰度高。从而使以浮游动物为食的鱼类资源丰富。据此,人们就可以通过观察海水浮游植物含量的高低及其变化来进行渔场分析和渔业资源的评估。海面叶绿素浓度遥感的机理,是基于不同的浮游植物浓度有着不同的辐射光谱特性。在可见光范围内,海面叶绿素在不同浓度下有其不同的特征光谱曲线,由于海洋水色问题的复杂性和目前卫星遥感技术的局限性还无法建立全球通用的卫星遥感叶绿素浓度信息提取模型。实际工作中,根据海水叶绿素遥感光谱特征,在现场观测资料的基础上,经过合适的大气校正,对不同的海域采用不同方法建立分析反演模型,进行海表叶绿素浓度信息的提取和反演。

利用卫星遥感提取海表叶绿素浓度信息,估算区域或全球渔业资源潜力;同时从卫星遥感叶绿素信息影像所表现出的涡流、锋面等海洋现象,研究渔场分布及其变动,1986年MONTGOMERY 通过对 CZCS 影像进行大气校正蓝绿波段比值和重采样至墨卡托投影等图像预处理后,进行了水团分析、假彩色合成以及生成解译图像边缘图表将这些水色信息,结合其他助渔信息发给渔民。研究结果表明,叶绿素信息与传统调查资料有机结合和进行相关性分析后,能为渔民提供战术性指导,显著提高寻渔效率、节约寻渔成本。毛志华等人利用 SeW FS 资料研制了北太平洋渔场叶绿素浓度的反演模型,对北太平洋渔场进行了叶绿素浓度反演,通过资料融合方法生成叶绿素浓度分布图,利用该图像,可以从生物学和物理学两方面分析中心渔场。由于鱼类的分布主要受水温和浮游植物的影响,常对两者结合研究。已有的研究结果都表明,卫星遥感叶绿素浓度产品在大洋渔业方面具有良好的应用潜力,将成为大洋渔业海况速报产品的重要因子。但是,由于卫星遥感海洋水色过程中、通常传感器接收到的来自水体的辐射量甚低,星载水色扫描仪所接收能量中约83%来自大气瑞利散射、气溶胶散射及太阳反射,因此,大气校正成为水色卫星资料反演模式的关键技术。今后仍需要不断改进反演模式,提高反演精度。

其次是卫星遥感在海洋水温监测中的作用。水温是控制生物种群分布及其洄游和繁殖过程的基本环境参量,在海洋渔场渔情分析预报中占有重要地位,而且水温及其变化过程可以反映出重要的海洋事件(如涌升流、大洋流及中尺度涡旋、锋面等现象)。目前,海洋表层水温(sea surface temperature,SST)是卫星遥感技术在海洋渔业领域应用最成功、最广泛的海洋环境因子。卫星遥感海面温度场可分别由热红外和微波传感器进行测量,目前应用较多的是通过极轨气象卫星和地球静止气象卫星的热红外波段进行 SST 信息提取。SST 反演方法有两大类:利用与卫星同步的实测资料回归得到 SST 反演系数;利用大气辐射传递模式模拟计算从海面到卫星高度处的辐射,获取 SST 反演系数。实际业务化应用较多的 NOAA/AVHRR 数据 SST 反演采用第一类方法,NOAA 利用全球浮标资料与 AVHRR 资料回归获得反演系数。

SST 在渔业上的应用通过特征温度值、温度锋面、表层水团分析、温度场空间配置来分析渔场的位置及空间尺度,通过温度距平、温度较差等来分析温度场短时间的动态变化或年际变化,从温度场的变化分析预测渔场的空间变化。1980 年,LASKER 等人利用 NOAA-6 的 AVHRR 卫星图像,根据当天几个地点的现场船测 SST 值,对象元灰度值进行辐射标定,反演了加利福尼亚湾的 SST 图像并结合调查仪器(热盐量仪、浮游生物网和中层拖网)获得的海洋学和生物学参数,对加利福尼亚湾 SST 对美洲(Egraulism ordax)的迁移和繁殖的影响进行了研究。研究结果表明,1980 年 3—4 月、美洲的产卵场温度范围为 12.5~17℃,最适宜的水温是 15~17℃。20 世纪 80 年代初,美国海洋咨询委员会和罗得岛州大学的海洋研究所根据每种鱼类生活在特定水温范围内的特征,将从 AVHRR 获得的 SST 图像处理成整个研究区温度图、感兴趣区温度图和全海区水平温度梯度图三种形式,并把它们寄给渔民,借助这些信息,渔民减少了寻渔时间,节约了成本。

9.6.3 应用案例

大数据技术在舟山渔业资源开发中的应用。舟山群岛地处我国东部海岸线和长江出海口的组合部——东海海域,背靠长江三角洲等广阔腹地,扼我国南北海运和长江水运的 T 型交汇要冲,东临太平洋(是远东国际航线要冲)。新区由星罗棋布的 1 390 个岛屿组成,区域总面积有 2.22 万平方公里,其中海域面积 2.08 万平方公里,陆域面积 1 440 平方公里。

舟山海洋资源丰富,最大优势资源是"港、景、渔"。港口方面:新区港口资源丰富,港湾、深水岸线众多,航道纵横,是我国屈指可数的天然深水良港。全区水深 20 米以上深水岸线 83 公里,海域面积 11 万平方公里(港域面积 1 000 平方公里),境内的我国首条人工航道虾峙门航道可全天候通行 30 万吨以上巨轮,条帚门航道也可以满足 15 万吨级散货船通航。海景方面:舟山是海洋文化名城,海上花园城市,是我国优秀旅游城市,境内有普陀山和峡泗列岛两个国家级景区。渔业方面：舟山素有"东海鱼仓"和"祖国渔都"之美称,是我国海鲜之都。海域内盛产鱼、虾、贝、藻类等水产品 500 多种,全市 2008 年渔业年产量在 142 万吨左右(详见表 9-1),是全国最大的渔场。那么如何利用好这么多的优势资源,挖掘新的海洋资源,然后整合好所有资源为舟山群岛新区建设服务,将是一项艰巨的具有远大意义的任务。随着时代的发展,科学家们发现遥感技术也在革新,在很多领域也发挥了越来越多的作用,尤其在海洋生态系统、海洋渔业动态及海洋动力监测等方面。

渔业历来是舟山的传统支柱产业。2009 年,舟山渔业经济总产值达到 258.1 亿元,较上年同期增长 0.45%。舟山的渔业资源的发展主要由海洋捕捞海水养殖、淡水养殖、远洋渔业和水产品加工组成,各个水产品的总量及总值详见表 9-1。

表 9-1 2008 年、2009 年舟山渔业资源统计主要指标增减情况

项 目	单 位	2008 年	2009 年	同比增减%
水产品总量	吨	1 255 179	1 237 819	−1.38
海洋捕捞	吨	964 126	997 738	3.49
海水养殖	吨	113 797	127 402	11.96
淡水养殖	吨	8 655	8 430	−2.6
远洋渔业	万元	168 601	104 249	−38.17
渔业总产值	万元	809 518	840 049	3.77

注：本表数据由舟山海洋渔业局提供,其中"渔业总产值"是指开发与利用的渔业资源的总产值。

舟山渔业在国内享有盛誉,渔业水产资源也极其丰富,调查统计有鱼类 365 种虾类 60 种,蟹类 11 种,贝类 134 种,海藻类 14 种,它们动态地分布在舟山渔场里。舟山渔场世界重要的近海渔场之一,其中的沈家门渔港是世界三大渔港之一。渔场四通八达,广袤富饶,鱼类集群。我国长江和附近的钱塘江、曹娥江、甬江均在此汇入东海,海水开始翻滚浑浊,因此给渔场带来了大量的浮游生物和丰富的饵料;又因为位于沿岸盐、淡水和台湾暖流与黄海冷水团交汇处,盐度、水温适宜海洋生物成长,自然条件和生态环境都十分优越。境内岛礁有 3 306 座之多,舟山渔场范围内岛礁星罗棋布,港湾绵亘,水道纵横,潮流有急有缓,适宜多种鱼类在此繁殖、生长、索饵、洄游、栖息。舟山渔场海域水质肥沃,饵料丰富,是中国四大海区中渔业产量最高的海域,因而舟山又有"东海鱼仓"的美称。

舟山渔场历来有渔民捕捉鱼虾,是兵家必争之地,战火不断,海域经常封锁,影响渔民下海生产,给鱼类繁衍生息创造了有利机遇,极大地丰富了海洋水产资源。传统渔业主要靠捕捞,捕捞的主要品种有鱼类,如带鱼、鱼、马皎鱼、海姆、蛤鱼、马面鱼、白姑鱼、黄姑鱼、小黄鱼等;甲壳类,如虾、蟹(梭子蟹等),头足类如鱿鱼、章鱼等;贝类,如海参等四十余种。因为渔业资源丰富,舟山又有一个美称"祖国渔都"。后来随着渔业资源的衰竭及《中日渔业协定》和《中韩渔业协定》的生效,舟山捕捞业受到了一定的限制,舟山渔业市场出现了渔业养殖。舟山的渔业养殖可分为海水养殖和淡水养殖。海水养殖方式有三种,即海上养殖、滩涂养殖及陆基养殖(围塘)。淡水养殖主要有池塘养殖、水库养殖及河沟养殖等。养殖的品种主要有鲈鱼、鱼、大黄鱼、美国红鱼等鱼类,南美白对虾、中国对虾、日本对虾、斑节对虾等虾类,梭子蟹、青蟹等蟹类以及螺、蛏(毛蛏和泥蛏)等贝类等。

近年来,我国渔业企业也开始把眼光投向远洋的捕捞市场,并利用叶绿素、水温及其变化对鱼类的栖息及繁殖的影响,基于遥感监测数据对科学评估海洋鱼类的鱼汛期早晚及长

短,实现海洋渔场海况速报。随着传感器的革新、数据处理系统的更新、遥感技术的进步,卫星遥感将在渔业领域的其他方面发挥更加重要的作用,如为研究海洋气候变化对鱼类的洄游、索饵、产卵等行为产生的影响服务,从而为舟山渔业增产作出贡献;提供可见光近红外波段的信息,反演滩涂、湿地,为建立海洋自然保护区、开发规划滩涂、湿地等提供科学依据;获取各种海洋参数,结合目标鱼群行为特征挖掘开发出新的渔场等。目前,舟山市常年渔获量在 120 万吨左右,尤其是多艘钢质化远洋渔船从事公海和过洋性作业,捕捞足迹遍及东南太平洋、北太鱿钓等地,2009 年远洋捕捞产量达到 104 249 吨,远洋渔业数量占全省 50% 以上在全省乃至全国都占有重要地位。由于渔业资源品种很多、品质很好,近年来舟山市被评为"中国渔都"的荣誉称号,这些都为舟山渔业树立了良好的品牌形象。

综上所述,海洋渔业环境具有较强的动态性,仅依传统方法难以获得大面积、同步的实时信息,遥感大数据技术的发展为海洋研究提供了新的技术方法。遥感和 GIS 在渔业资源研究中已被广泛应用,并解决了许多现实存在的问题,但与其他应用领域相比,在海洋渔业上的应用还相对薄弱,鉴于此,未来遥感技术在海洋渔业资源上的应用应注意以下几点。

(1)加强遥感和 GIS 技术在海洋渔业应用中的基础理论研究。

(2)各种海洋参数的提取与算法技术需要不断完善例如对叶绿素浓度,需要探索出适合于海洋二类水体的大气校正算法。目前许多海洋参数的提取还需要结合实地监测信息进行标定,大大降低了遥感信息的利用效率,是遥感应用中亟待解决的问题。

(3)海洋渔业 GIS 逐渐成为渔业领域新兴的高新技术之一,但相对于陆地资源与环境研究应用来说,渔业领域 GIS 仍处于起步阶段。有许多领域尚需要进一步研究。如系统理论与技术、数据方面和应用方面都需要深入研究。

(4)开展多元渔业信息集成的理论和方法研究加大遥感和 GIS 技术在渔业研究领域中结合的深度和广度。

9.7　城市垃圾领域

在大数据时代发展趋势下,通过"智能监控指挥平台"在城市垃圾管理中的创新应用,实现城市生活垃圾的准确、科学及精细化管理,促进城市垃圾管理转型和城市垃圾管理能力现代化。城市生活垃圾数字化识别及处理成为推进城市治理体系和治理能力现代化的重要技术手段之一。

9.7.1　需求背景

随着我国城市化进程的加快,城市生活垃圾总量随着城市人口的增加而增加。随着大数据时代的到来,大数据在国家管理中的发展和应用得到了各级政府高度重视和大力推进,部分地区已经在生活垃圾处理领域融入大数据信息技术。

9.7.2　应用方案

城市固体废物的大数据是在环境意识需求不断扩大、数据和信息挖掘技术发展的基础上形成的。由人工智能、云计算等技术结合形成的大量信息,大数据已成为提高城市固体废物管理效率的重要选择。

城市垃圾治理中有关大数据的运用主要集中在以下几个方面[7]：①提供城市固体废物管理平台的应用；②对城市固体废物管理的效率和水平进行生物监测；③使用系统技术地理信息和 BP 神经网络实现城市固体废物预警与监测。

9.7.3 应用案例

（1）为城市固体废物管理提供数字支持的大数据。大数据技术可以嵌入城市固体废物处理过程的每一步，提供智能预警功能、数据和信息、相关数据分析及综合监测系统，等等。与传统的城市固体废物处理工艺相比，大数据处理技术的使用更加多样化、数字化和动态化。例如，GIS 地图上的每个生活垃圾收集和运输点不仅可以显示特定的位置，还可帮助管理者针对不同类型的垃圾，直观地了解垃圾收集和运输过程，了解垃圾流的来源和方向，提高管理效率。

（2）实施在线全景监督生活垃圾管理指标。针对生活垃圾运输站的环境污染问题，智能监督和驾驶平台可以随时获取有关除臭、除尘设备、甲烷成分和渗漏液质量的信息。使用大数据分析技术实时监测生活垃圾收集和运输的动态，信息同步和指导通过互联网、云移动客户平台实现。同时，还将向公众提供实时更新的城市固体废物运输站等设施的分配和运营。社会组织和公众也可以在线提交相关投诉和建议，以实现政府、市场和公众作为多个机构之间的合作治理。

（3）通过"智能监督与领导平台"完成对生活垃圾处理的全面评估。使用移动互联网、物联网、云计算等信息技术创建全面的信息管理系统、固体废物处理、家庭废物处理设施物联网传感器，在整个云信息量上完成家庭垃圾处理过程，即通过垃圾收集、运输、存储和分析反馈，形成一系列持续的链接，形成价值链大数据，在整个过程中，在所有天气条件下执行家庭垃圾处理过程，集中管理。

9.8 电力能源领域

9.8.1 需求背景

随着社会经济的快速发展和人口的不断增长，世界各地对电力资源的需求也越来越大。然而，传统的电力系统面临着一系列的挑战，包括能源消耗过高、环境污染、电网稳定性等问题。针对这些挑战，资源环境大数据的应用成为解决问题的关键手段。

首先，能源生产与消费预测是电力领域对大数据的重要需求之一。通过对大量历史能源数据进行分析和建模，可以预测未来的能源需求和供应情况。这对电力公司来说具有极大的意义，因为它们需要合理规划和调度发电设备，避免供需缺口或产能过剩，并优化能源资源的利用效率。其次，基于用户行为的电力需求响应也是电力资源领域对大数据的迫切需求。通过收集和分析用户的用电数据，电力公司可以了解用户的用电行为模式，推测出用户的需求变化趋势，并根据需求预测进行相应的调整。这种个性化的电力需求响应有助于平衡电力供需，提高电网的稳定性和可靠性。再次，节能减排与能源管理是资源环境大数据在电力资源领域的重要应用之一。通过监测和分析电力系统中的各个环节，如输电损耗、设备故障等,可以及时发现并解决能源浪费和环境污染问题。同时,结合综合能源管理系统,可以实施智能化的能源调控和优化,从而降低能源消耗和碳排放。此外,电力设备运维与故障诊断也是对大数据需求的一个方向。通过对电力设备的运行数据进行实时监测和分析,可以及时发现设备的异常情况和潜在故障,提前采取维修或更换措施,避免设备损坏或事故发生。这有助于提高电力系统的可靠性和安全性。最后,电力市场分析与规划也是对大数据需求的一个重要方面。通过对电力市场中的供需、价格、竞争等因素进行大数据分析,可以为电力公司提供市场趋势和竞争态势的预测,帮助制定合理的市场策略和业务规划。

综上所述,资源环境大数据在电力资源方面具有重要的需求背景。它可以提高电力系统的效率和可靠性,减少能源消耗和环境污染,并为电力公司提供决策支持和业务优化的依据。随着大数据技术的不断发展和应用,我们可以期待更多创新的解决方案和应用在电力资源领域的涌现。

9.8.2 应用方案

随着信息技术的快速发展和社会经济的不断进步,电力领域正面临着日益增长的能源需求和环境保护的挑战。资源环境大数据的应用为电力行业提供了新的机遇和挑战,主要包括能源生产与消费预测、电力市场分析与调控和电力市场分析与调控等方面的应用。

能源生产与消费预测是利用资源环境大数据来提前预测能源供需情况,从而为电力行业的生产和调度提供依据的重要环节。通过收集、整合和分析大量的能源生产、消费和环境因素的数据,可以建立预测模型,实现对能源生产与消费的精确预测。这样的预测结果可以用于优化电力系统的运行,提高电力供应的可靠性和效率。在能源生产预测方面,资源环境大数据可以收集和分析能源生产相关的数据,如天气数据、能源供应数据、能源生产设备的运行状况等。利用这些数据,可以建立预测模型,用于预测不同能源的生产量和能源供应的稳定性。通过预测能源生产的情况,电力行业可以提前做出调度安排,确保能源供应的充足和稳定。在能源消费预测方面,资源环境大数据可以收集和分析能源消费相关的数据,如人口数据、经济发展数据、用电行为数据等。利用这些数据,可以建立预测模型,用于预测未来能源的需求量和消费特征。通过预测能源消费的情况,电力行业可以合理安排生产计划和供电设备的投入,以满足未来的能源需求。通过能源生产与消费预测,电力行业可以更加准确地掌握能源供需情况,从而优化电力系统的运行。预测结果可以用于制订电力生产计划和调度安排,合理调配能源资源,提高能源利用效率。此外,预测结果还可以用于优化能源市场的供应与需求匹配,通过调控价格和激励措施,引导用户合理使用能源,实现能源的可持续发展。

电力设备状态监测与优化是通过实时监测和分析电力设备的运行状态,预测潜在故障风险,并进行设备优化和维护,以提高设备的可靠性和效能。资源环境大数据可以收集和分析电力设备的运行数据、环境数据和设备健康数据,建立设备状态监测模型,实时监测设备运行状态,并根据预测结果进行设备优化和维护,降低设备故障率,提高电力设备的寿命和运行效率。在电力设备状态监测方面,资源环境大数据可以收集和分析电力设备的运行数据,包括电流、电压、温度、振动等指标。通过对这些数据的实时监测和分析,可以及时发现设备运行异常和潜在故障的风险。利用资源环境大数据的技术手段,可以建立设备状态监测模型,对设备的运行状态进行实时监测和预测,及时发现并预测设备故障风险,为设备维护和优化提供依据。在电力设备优化方面,资源环境大数据可以通过收集和分析设备健康数据和环境数据,评估设备的性能和健康状况,并根据预测结果进行设备优化和维护。通过分析设备健康数据,可以了解设备的寿命和健康状况,及时制订维护计划,延长设备的使用寿命。同时,通过分析环境数据,可以了解设备运行环境的变化,及时采取措施,保证设备的正常运行。通过电力设备状态监测与优化,可以提高电力设备的可靠性和效能,降低设备故障率,提高设备的寿命和运行效率。这不仅可以降低电力行业的维护成本,还可以保证电力供应的稳定性和安全性。此外,通过设备优化和维护,还可以提高电力系统的可持续发展能力,减少能源的浪费和排放。

电力市场分析与调控是对电力市场运行情况进行分析和调控,以实现电力市场的平稳运行和资源的合理配置。资源环境大数据可以通过收集和分析电力市场的历史交易数据、市场参与者数据和环境数据,建立电力市场模型,预测市场价格和供需情况,帮助市场参与者做出合理的决策,同时为政府部门提供决策支持,进行市场调控和政策制定。在电力市场分析方面,资源环境大数据可以收集和分析电力市场的历史交易数据,如市场价格、交易量、市场参与者的行为等。通过对这些数据的分析,可以了解市场的运行规律、市场参与者的行为特征,预测市场价格的变动趋势和供需的情况。利用资源环境大数据的技术手段,可以建立电力市场模型,模拟市场的运行情况,评估市场的效果和风险,帮助市场参与者做出合理的决策,优化市场的运行效率。在电力市场调控方面,资源环境大数据可以收集和分析环境数据,如气象数据、能源消费数据等。通过分析环境数据,可以了解电力市场的供需情况和环境影响因素,为政府部门提供决策支持,制定合理的市场调控政策。例如,在能源供应过剩的情况下,政府可以采取减少发电量或提高市场价格的措施,以引导市场参与者调整产能和用能行为,实现资源的合理配置和市场的平稳运行。通过电力市场分析与调控,可以实现电力市场的平稳运行和资源的合理配置。市场参与者可以根据市场分析结果做出合理的决策,提高自身的收益和竞争力。政府部门可以根据市场调控结果,制定合理的政策和措施,引导市场参与者的行为,促进电力市场的可持续发展。

以上是资源环境大数据在电力方面的应用方案的简要介绍。在实际应用中,还需要综合考虑数据采集、数据安全、数据分析和决策支持等方面的问题,并结合具体的案例进行研究和分析,以实现数据驱动的电力系统优化和可持续发展。

9.8.3 应用案例

电力负荷预测与调控是资源环境大数据在电力领域的一个重要应用。根据天气预报和历史负荷数据进行电力需求预测,可以帮助电力系统进行合理的负荷调度和资源配置,以避免供需不平衡和电力短缺。天气是影响电力需求的重要因素,如高温天气会导致空调负荷增加,而寒冷天气则会增加供暖负荷。通过收集和分析天气数据,可以预测未来一周的天气情况,进而预测电力需求的变化趋势。历史负荷数据可以提供过去的电力需求情况,结合天气数据,可以分析出电力需求与天气之间的关系。利用这种关系,可以建立负荷预测模型,以预测未来一周内的电力需求。根据预测的电力需求,电力系统可以相应地调整发电机组的出力。当预测到电力需求增加时,系统可以增加发电机组的出力,以保证供应与需求的平衡;当预测到电力需求减少时,系统可以减少发电机组的出力,避免资源的浪费。通过这种方式,电力系统可以根据天气预报和历史负荷数据,提前做出调度安排,以避免供需不平衡和电力短缺的情况发生。这有助于提高电力系统的运行效率,确保电力供应的可靠性和稳定性。

电力负荷预测与调控需要收集多种数据,包括历史电力负荷数据、天气数据、经济数据及其他相关数据。历史负荷数据包括电力系统过去一段时间内的负荷曲线数据,可以通过电力系统监测设备、计量设备等来获取。天气数据可以从气象观测站、气象预报机构等获取,包括温度、湿度、风速等信息。经济数据可以从相关政府机构、财经机构等获取,包括人口数量、经济发展指标等。在收集数据时,需要注意数据的质量和准确性。数据可能存在缺失、异常或错误的情况,因此需要进行数据清洗和预处理,包括去除异常值、填充缺失值、数据格式转换等,以确保数据的准确性和一致性。在建立负荷预测模型之前,需要进行特征提取与选择,选择合适的特征用于负荷预测。特征可以是历史电力负荷数据、天气数据、经济数据等,在选择特征时需要考虑其对负荷变化的影响和相关性。特征提取主要是根据业务需求和领域知识,对原始数据进行处理和转换。例如,可以从历史负荷数据中提取负荷的趋势、周期性等特征;从天气数据中提取温度、湿度等特征;从经济数据中提取人口数量、GDP 等特征。特征选择是指在所有可用的特征中选择对负荷预测最具影响力的特征。常用的特征选择方法包括相关性分析、方差分析、主成分分析等。选择合适的特征可以减少模型的复杂性和计算量,并提高预测的准确性和可解释性。

建立负荷预测模型需要选择合适的算法和方法。常用的负荷预测模型包括回归模型、支持向量机模型、神经网络模型等。回归模型是一种传统的负荷预测方法,通过拟合历史负荷数据和其他特征,建立一个数学模型,用于预测未来的负荷。常见的回归模型包括线性回归模型、多项式回归模型等。支持向量机模型是一种基于统计学习理论的预测方法,通过将数据映射到高维特征空间,并找到一个最优的超平面来进行分类或回归。支持向量机模型在非线性问题上具有很好的泛化能力和预测性能。神经网络模型是一种模仿人脑神经元工作方式的预测模型,通过多层神经元之间的连接和权重调整,学习输入数据的非线性关系,实现负荷预测。常用的神经网络模型包括前馈神经网络、循环神经网络、长短期记忆网络等。选择合适的模型需要根据实际情况和需求进行评估和比较。可以使用交叉验证、均方误差、决定系数等指标来评估模型的预测性能和泛化能力。在建立负荷预测模型之后,需要使用历史数据对模型进行训练。训练过程包括将数据划分为训练集和验证集,使用训练集来优化模型的参数和权重,使用验证集来评估模型的性能和调整模型的超参数。

模型训练的目标是使模型能够对历史数据进行较好的拟合,并能够泛化到未来的数据。通过不断调整模型的参数和超参数,可以提高模型的预测准确性和稳定性。在模型训练和优化完成后,可以利用建立好的负荷预测模型来进行未来负荷预测与调控。通过结合未来的天气预报数据,预测未来一周的电力需求。根据预测结果,电力系统可以相应地调整发电机组的出力。通过负荷预测与调控,电力系统可以更加准确地预测未来的电力负荷情况,做出相应的调控措施,提高电力系统的运行效率和供电可靠性。

🔓 实际应用案例

电力负荷预测与调控的技术和方法已经在实际应用中得到广泛应用。以下是一些实际案例。

电力负荷预测与调控可以帮助电力系统进行负荷调度和资源配置,以确保电力供应的可靠性和稳定性。例如,一家电力公司可以使用负荷预测模型来预测未来一周的电力需求,并根据预测结果调整发电机组的出力,避免供需不平衡和电力短缺的情况发生。

在新能源管理中,电力负荷预测与调控发挥着关键作用。通过结合天气预报数据和历史负荷数据,可以建立新能源产电量的预测模型,准确预测未来的新能源发电量。这样可以更好地了解新能源的供给情况,为电力系统运行提供有力支持。具体来说,通过资源环境大数据的分析和应用,可以利用历史负荷数据和天气数据来建立新能源产电量的预测模型。历史负荷数据可以帮助了解电力系统过去的负荷变化情况,天气数据可以提供天气条件变化的信息。结合这两方面的数据,可以建立相应的预测模型,预测未来一段时间内新能源的产电量。新能源产电量的预测可以帮助电力系统规划和调整电力资源的配置。例如,当预测到未来新能源电量较高时,电力系统可以适当减少传统能源的使用,增加对新能源的利用;当预测到未来新能源产电量较低时,系统可以增加传统能源的使用,以保证电力供应的可靠性和稳定性。

此外,电力负荷预测与调控还可以用于新能源的优化调度。通过预测未来的电力需求和新能源的产电量,可以制订合理的发电计划和调度策略。例如,在新能源产电量较高的时段,可以将多余的电力输送到电网中,以满足其他地区或用电设备的需求;而在新能源产电量较低的时段,则可以合理安排传统能源的使用,以弥补能源供应的缺口。

本 章 小 结

本章主要介绍资源环境大数据的典型应用,包括面向国土资源、水环境、大气环境、土壤环境、自然生态环境和海洋生态环境等领域的典型应用。如今,资源环境大数据技术正在深刻改变着经济社会的发展形态。随着资源环境信息与互联网、车联网、物联网和云计算等领域加速融合,资源环境大数据作为新兴研究领域,其深入开发和利用,对于更好地服务科学决策、重大工程建设和民生工程等工作具有重要的研究和应用价值,也必将为各行各业的产业发展注入新的力量。

参 考 文 献

[1] 牛全福,傅键恺,陆铭,等.基于随机森林的 GF-6 WFV 和 Landsat8 OLI 遥感影像分类比较[J].地理空间信息,2022,20(8):49-54.

[2] 卢佳友,周宁馨,周志方,等."水十条"对工业水污染强度的影响及其机制[J].中国人口·资源与环境,2021,31(2):90-99.

[3] 刘文清,陈臻懿,刘建国,等.我国大气环境立体监测技术及应用[J].科学通报,2016,61(30):3196-3207.

[4] BROWN K,ABRAMOFF R,MILLER J,et al. Reviews and syntheses:The promise of big soil data,moving current practices towards future potential[J].Biogeosciences,2022,19:3505-3522.

[5] LIANG J,XING W L,ZENG G M,et. al. Where will threatened migratory birds go under climate change? Implications for China's national nature reserves[J].Science of the total environment,2018,645:1040-1047.

[6] 程锦祥,孙英泽,胡婧,等.我国渔业大数据应用进展综述[J].农业大数据学报,2020,2(1):11-20.

[7] 黎敏.大数据驱动城市生活垃圾治理创新[J].辽宁行政学院学报,2020(5):91-96.

拓展阅读

大数据应用(微信公众号)：公众号会定期发布一些大数据在环境领域应用的相关文章和案例分析。

地学大数据(微信公众号)：公众号会分享大数据技术在环境科学和资源管理中的应用案例和最新研究成果。

习题与思考

1. 请列举大数据技术在资源环境中应用的三个具体案例。

2. 结合实际,探讨大数据在解决当前环境问题中的潜力与挑战。

3. 分析大数据技术如何用于资源评估与规划,包括资源储备量预测、开发潜力分析等方面,并讨论其对资源可持续利用的意义。